Rabah Khedim

A la découverte de la diversité lichénique

Rabah Khedim

A la découverte de la diversité lichénique

Contribution à l'étude des Lichens épiphytes du Parc national de Theniet-el-Had (Tissemsilt, Algérie)

Presses Académiques Francophones

Impressum / Mentions légales
Bibliografische Information der Deutschen Nationalbibliothek: Die Deutsche Nationalbibliothek verzeichnet diese Publikation in der Deutschen Nationalbibliografie; detaillierte bibliografische Daten sind im Internet über http://dnb.d-nb.de abrufbar.
Alle in diesem Buch genannten Marken und Produktnamen unterliegen warenzeichen-, marken- oder patentrechtlichem Schutz bzw. sind Warenzeichen oder eingetragene Warenzeichen der jeweiligen Inhaber. Die Wiedergabe von Marken, Produktnamen, Gebrauchsnamen, Handelsnamen, Warenbezeichnungen u.s.w. in diesem Werk berechtigt auch ohne besondere Kennzeichnung nicht zu der Annahme, dass solche Namen im Sinne der Warenzeichen- und Markenschutzgesetzgebung als frei zu betrachten wären und daher von jedermann benutzt werden dürften.

Information bibliographique publiée par la Deutsche Nationalbibliothek: La Deutsche Nationalbibliothek inscrit cette publication à la Deutsche Nationalbibliografie; des données bibliographiques détaillées sont disponibles sur internet à l'adresse http://dnb.d-nb.de.
Toutes marques et noms de produits mentionnés dans ce livre demeurent sous la protection des marques, des marques déposées et des brevets, et sont des marques ou des marques déposées de leurs détenteurs respectifs. L'utilisation des marques, noms de produits, noms communs, noms commerciaux, descriptions de produits, etc, même sans qu'ils soient mentionnés de façon particulière dans ce livre ne signifie en aucune façon que ces noms peuvent être utilisés sans restriction à l'égard de la législation pour la protection des marques et des marques déposées et pourraient donc être utilisés par quiconque.

Coverbild / Photo de couverture: www.ingimage.com

Verlag / Editeur:
Presses Académiques Francophones
ist ein Imprint der / est une marque déposée de
OmniScriptum GmbH & Co. KG
Heinrich-Böcking-Str. 6-8, 66121 Saarbrücken, Deutschland / Allemagne
Email: info@presses-academiques.com

Herstellung: siehe letzte Seite /
Impression: voir la dernière page
ISBN: 978-3-8381-4831-1

Copyright / Droit d'auteur © 2014 OmniScriptum GmbH & Co. KG
Alle Rechte vorbehalten. / Tous droits réservés. Saarbrücken 2014

A Mohammed AIT HAMMOU, enseignant à la faculté des Sciences de la Nature et de la Vie de l'Université IBN KHALDOUNE, qui travaillait pendant des années sur les Lichens. Je le remercie infiniment pour ses conseils et son aide précieuse.

Remerciements

Je voudrais remercier en tout premier lieu Monsieur le Professeur Mohammed MAATOUG qui a accepté de m'encadrer et Monsieur Mohammed AIT HAMMOU qui m'a conseillé de travailler sur ce sujet.

Je tiens également à exprimer ma plus vive gratitude envers Messieurs Abdelkader DELLAL, Hachemi BELHASSAINI et Abdelkrim HASSANI qui ont bien voulu faire partie de mon jury ainsi que le personnel du Parc National de Theniet-el-Had.

J'aimerais remercier finalement le personnel et les enseignants de la Faculté des Sciences et de la Vie de l'Université d'IBN KHALDOUN et ceux qui m'ont enseigné, depuis mon enfance.

Introduction générale

Les lichens résultent de l'association durable à bénéfice réciproque entre un champignon avec une algue ou/et une cyanophycée. Cette association ou "symbiose" permet aux partenaires symbiotiques de vivre ensemble dans des conditions difficiles qui empêchent l'un ou l'autre de se nourrir tout seul (JAHNS, 2007).

Poïkilohydres et reviviscents, ces organismes doubles peuvent vivre partout bien que certaines espèces aient leurs propres exigences, parfois très strictes (DES ABBAYES, 2010). Ces espèces lichéniques, ayant été classées en fonction des facteurs écologiques (humidité, éclairement, pollution, …), peuvent nous renseigner sur les conditions du milieu y compris et surtout la qualité de l'air.

Ce sont surtout les lichens épiphytes, objets de ce travail, vivant sur les troncs d'arbres, qui sont d'excellents bioindicateurs et bioaccumulateurs (CASSAGNE et al., 2010). N'ayant pas de racines mais simplement de rhizines fixatrices, ces épiphytes sont totalement tributaires de la qualité de l'air pour leur survie et réagissent très rapidement et de façon visible aux polluants. Ils ont également une longue durée de vie (JAHNS, 2007) et une structure spongieuse leur permettant de stocker les polluants à long terme (ROLAND et al., 2008).

L'utilisation des lichens comme bioindicateurs de la qualité de l'air est maintenant une composante importante du système d'alerte précoce utilisé dans bon nombre de pays (McCarthy, 2005) et constitue une alternative incontournable à l'utilisation des réseaux de capteurs de polluants qui, selon (FADEL et al., 2005), coûtent cher et nécessitent des relevés en continu et des réglages précis et réguliers.

Pour comprendre et mieux protéger l'écosystème, le gestionnaire doit entre autres pouvoir disposer d'un état des lieux sur l'ensemble des groupes taxonomiques (SIGNORET, et al., 2003) d'un point de vue descriptif puis d'un point de vue fonctionnel et interrelationnel (GUINBERTEAU, et al., 1997).

L'inventaire de la biodiversité lichénique est la première étape dans toute étude lichénologique (lichénosociologie, phytogéographie, biosurveillance, …). De plus, seules les comparaisons floristiques peuvent rapidement mettre en évidence des anomalies écologiques comme l'apparition ou la disparition d'une espèce (COSTE, 1994).

La flore lichénique du Parc National de Theniet-el-Had, qui est également l'une des 14 zones importantes pour les plantes "ZIP" (BENHOUHOU et al., 2011), est mal connue et les prospections y sont soit anciennes soit partielles.

RAHALI a estimé 952 le nombre d'espèces de lichens en Algérie dont 82 sont endémiques en soulignant que de nombreuses régions du pays demeurent encore inexplorées et mal connues (BENDAIKHA, 2006). De plus, une liste de 153 espèces seulement est actuellement disponible contre 1093 espèce pour le Maroc, 433 pour la Tunisie et 159 pour la Libye (The Check-lists Project, 2011).

Le présent travail est réalisé non seulement pour arriver peu à peu à une bonne connaissance de la flore lichénique épiphyte du Parc National des Cèdres, mais aussi dans le but de contribuer à la révision de la Flore lichénique de l'Algérie ainsi que l'élaboration d'un nouveau Catalogue ou Guide des lichens du pays.

Avant d'utiliser les lichens, il faut d'abord les connaître. Pour cela, la littérature scientifique sera soigneusement examinée et une synthèse bibliographique sur les lichens, et surtout les critères de leur classification, sera détaillée dans un premier chapitre. Puis, dans un deuxième chapitre, la zone d'étude sera présentée et les facteurs climatiques, substratiques et biologiques déterminant la répartition des lichens épiphytes seront cités tout en indiquant les données relatives à ces différents facteurs (humidité atmosphérique, ensoleillement, …). Le matériel utilisé ainsi que les méthodes suivies seront également mentionnés. Les résultats obtenus seront ensuite analysés et discutés dans un troisième chapitre et le travail sera enfin clos par une conclusion et perspectives.

1. Généralités sur les lichens

1.1. Introduction

Pour déterminer les lichens, il est indispensable de comprendre le vocabulaire employé en lichénologie et de maîtriser toutes les notions concernant les lichens et leur étude macroscopique, microscopique et chimiques. Ce chapitre permet de découvrir le microcosme merveilleux des lichens.

1.2. Historique

Les lichens sont apparus à 5 reprises dans l'évolution (BIODEUG, 2007). Le plus ancien lichen fossile date d'environ 600 millions d'années. Il se présente sous la forme de filaments fongiques étroitement associés à des cyanobactéries ou à des algues (HAUWYN et al., 2009).

Jusqu'au début du 18e siècle, les lichens ont été classés dans les herbiers avec les Bryophytes (JAHNS, 2007) et étaient considérés comme des êtres simples, intermédiaires entre les Champignons, par les filaments incolores de leur thalle ou "hyphes", et les Algues, par leurs cellules vertes ou "gonidies" (DES ABBAYES, 2010).

Ce n'est qu'en 1869, ou 1867 selon DES ABBAYES (2010), que Schwendener a démontré que les lichens ne sont pas un organisme unique, mais une association de deux organismes différents vivant en relation étroite (JAHNS, 2007) et durable, appelée ensuite *symbiose* d'une Algue avec un Champignon (DES ABBAYES, 2010).

Selon DES ABBAYES (2010), environ vingt mille espèces de lichens sont connues actuellement et ce nombre s'accroît chaque année

1.3. Définition du Lichen

Un lichen est un organisme composite résultant de l'association entre au moins deux êtres vivants : un champignon et une algue unicellulaire ou un champignon et une cyanobactérie (BAUWENS, 2003) ou encore entre les trois (HALUWYN et al., 2009).

Cette association est permanente (ROLAND et al., 2008), à avantages réciproques (SERUSIAUX et al., 2004 ; MANNEVILLE, 2009) et donne un nouvel individu stable à structure spécifique (HALUWYN et al., 2009).

1.4. Systématique des lichens

Parmi les cryptogames qui n'ont jamais de fleurs, les plus humbles se distinguent par l'absence de vaisseaux dans leurs tissus qui se traduit par l'absence de nervures épaisses et ramifiées dans leurs feuilles quand ils en ont : ce sont les mousses, les algues, les champignons et les lichens (BOISTEL, 1986).

Certains lichens rappellent par leur aspect les mousses, d'autres ont l'aspect de tiges feuillées comme des petits fougères ou de plantes supérieures. Cependant, ils diffèrent des champignons en ce qu'ils ne sont pas complètement dépourvus de chlorophylle et diffèrent des mousses et des algues en ce que leurs tissus végétatifs ne sont pas uniformément remplis par cette matière verte (BOISTEL, 1986) et en ce qu'ils produisent des fructifications en forme de coupe ou de disque (JAHNS, 2007).

Même si leur mode de vie très différent s'apparente à celui de certaines algues et bryophytes, les lichens sont aujourd'hui intégrés entièrement dans le règne fongique (MANNEVILLE, 2009), car c'est le mycosymbiote qui assure la reproduction sexuée (HALUWYN et al., 2009).

Les lichens sont des organismes polyphylétiques (BIODEUG, 2007), considérés, par JAHNS (2007), comme des champignons appartenant à divers groupes systématiques qui retiennent des algues pour satisfaire à leurs besoins nutritifs comme le fait aussi certains animaux. Pour cela, les lichens sont appelés des champignons lichénisés, comme d'autres sont dits libres ou parasites (HALUWYN et al., 2009).

D'après DES ABBAYES (2010), le système de classification de ZAHLBRUCKNER (1907, 1926), plus ou moins modifié dans ses détails, garde toujours sa valeur pratique et le schéma de la classe des lichens est le suivant :

I. Sous-classe des *Ascolichenes* : spores produites dans des asques.

1. Série des *Pyrenocarpeae* : ascocarpes ne s'ouvrant que par un pore ; thalles en général crustacés ; 17 familles.

2. Série des *Gymnocarpeae* : ascocarpes plus ou moins largement ouverts, thalles de tous les types.

– Sous-série des *Coniocarpineae* : asques et paraphyses se détruisant et formant avec les spores, dans l'ascocarpe, un amas pulvérulent ; thalles en majorité crustacés, ou fruticuleux ; 3 familles.

− Sous-série des *Graphidineae* : ascocarpes le plus souvent étroits et allongés ; thalles en majorité crustacés, ou fruticuleux ; 5 familles.

− Sous-série des *Cyclocarpineae* : ascocarpes de forme arrondie. C'est le groupe le plus nombreux, où se trouvent tous les types de thalles ; 29 familles.

II. Sous-classe des *Basidiolichenes* (ou *Hymenolichens*) : spores produites sur des basides ; 3 genres avec en tout moins de 20 espèces, toutes tropicales.

Il est à noter que les lichens constituent avec les champignons et les algues l'embranchement des Thallophytes (JAHNS, 2007).

1.5. Symbiose lichénique

1.5.1. Définition

Une symbiose est considérée généralement comme étant une association trophique de deux organismes dans laquelle les deux partenaires trouvent un bénéfice réciproque (JAHNS, 2007).

1.5.2. Partenaires de la symbiose lichénique

L'autonomie nutritionnelle et le pouvoir du lichen à s'installer sur des milieux neufs ou arides (pionniers de végétation) viennent du fait qu'il joint les éléments de support et de protection (mycélium du champignon) à des cellules autotrophes (algue) (ROLAND et al., 2008).

Le thalle est toujours constitué de l'association d'un champignon et, soit d'une algue, soit d'une cyanobactérie, soit d'une algue et d'une cyanobactérie à la fois. Le champignon est appelé "mycosymbiote" (ou mycobionte), l'algue et la cyanobactérie sont dits "photosymbiotes" (ou photobiontes) (JAHNS, 2007).

1.5.2.1. Mycobionte

Le mycélium du champignon, filament blanc ou incolore selon BOISTEL (1986), est cloisonné (ROLAND et al., 2008) et c'est le seul partenaire qui forme des fructifications produisant des spores (JAHNS, 2007).

Le nom attribué à un lichen est toujours celui du champignon dominant. Par exemple, le nom *Parmelia saxatilis* ne concerne que le champignon organisant la morphologie bien caractéristique de cette espèce ; Le partenaire algal dispose de son nom propre, il s'agit dans ce cas d'une algue verte du genre *Trebouxia* (SERUSIAUX et al., 2004).

Le champignon appartient le plus souvent à la classe des Ascomycètes (Septomycètes, Discomycètes et Pyrénomycètes) ainsi que, dans quelques cas, à celle des Basidiomycètes ou des Phycomycètes (JAHNS, 2007 ; LÜTTGE, et al., 2002 ; BIODEUG, 2007).

1.5.2.2. Photobionte

Les algues, ou gonidies (ROLAND et al., 2008), sont mêlées aux hyphes du champignon, à la partie supérieure du tissu lâche et sous le cortex supérieur (BOISTEL, 1986).

Ces gonidies contiennent de la chlorophylle et affectent la forme globuleuse (BOISTEL, 1986). Le partenaire algal est par conséquent celui qui dispose de la capacité de photosynthèse, et donc d'utiliser l'énergie solaire pour fabriquer des sucres au départ d'eau et de CO_2 (SERUSIAUX et al., 2004).

Le phycosymbiote est ou bien une algue verte (Chlorophycée coccale et parfois trichale) (LÜTTGE, et al., 2002), le plus souvent une Protococcacée du genre *Trebouxia* ou une Trentépohliacée, ou bien une algue bleue (Cyanophycée ou Cyanobactérie), le plus souvent une *Nostoc* (DES ABBAYES, 2010), mais aussi bien que rarement une algue brune ou Phéophycée (JAHNS, 2007).

La plupart des algues et des cyanobactéries formant le partenaire photosynthétique du lichen, mais non toutes, sont connues à l'état libre dans la nature (JAHNS, 2007) et peuvent donc croître et se reproduire sans être associées à un champignon (SERUSIAUX et al., 2004).

L'incorporation d'algues et de cyanobactéries dans une symbiose lichénique les modifie généralement de façon assez radicale, de telle sorte que les caractères généralement employés pour leur détermination à l'état libre ne peuvent plus être utilisés (SERUSIAUX et al., 2004). Dans l'association lichénique, elles ne forment jamais d'organe de reproduction sexuée, elles ne se multiplient que par voie végétative et ne constituent que rarement la plus grande partie du thalle végétatif (JAHNS, 2007). Pour les étudier et les déterminer, il faut obligatoirement les isoler et les cultiver dans un laboratoire (SERUSIAUX et al., 2004).

1.5.3. Besoins de la symbiose pour les partenaires lichéniques

Le champignon reçoit de l'algue, capable de photosynthèse, divers produits organiques tels les sucres, alors qu'il l'emprisonne totalement dans ses filaments et la protège ainsi contre une lumière trop intense et contre la dessiccation d'une chaleur trop élevée (JAHNS, 2007). Il est possible également que le champignon facilite l'alimentation en eau de l'algue et apporte du CO_2 par sa respiration (LÜTTGE, et al., 2002).

Ensemble, le champignon et l'algue peuvent vivre dans des conditions défavorables qui empêchent l'un et l'autre de se nourrir tout seul, ceci est un avantage déterminant du point de vue biologique et on parle alors d'une symbiose trophique ou alimentaire (JAHNS, 2007).

1.6. Structure du thalle

Bien que les lichens soient très différents morphologiquement, leur structure anatomique est au contraire très uniforme et assure leur unité (HALUWYN et al., 2009) et suivant que le constituant algal est une algue verte ou bleue, on peut distinguer deux types de structure (figure 1) : homéomère et hétéromère (SERUSIAUX et al., 2004 ; JAHNS, 2007).

1.6.1. Structure homéomère

Cette structure est dite de type "homéomère" car le champignon et la cyanobactérie sont entremêlés de façon homogène (HALUWYN et al., 2009) dans toute l'épaisseur du thalle (JAHNS, 2007).

Cette structure est réalisée quand la gonidie est une algue bleue, généralement une *Nostoc* (BIODEUG, 2007) comme chez les *Collema* (HALUWYN et al., 2009), car c'est dans sa gaine gélatineuse épaisse que se développe le champignon lichénisant. Ces lichens ont souvent une couleur vert bleu ou noirâtre, celle de l'algue (JAHNS, 2007).

Dans les lichens gélatineux, les hyphes (filaments ramifiés, blancs et transparents) du champignon, généralement un Ascomycète, sont disséminés au milieu de la masse gélatineuse que constitue la grande quantité d'algues bleues disposées en séries sinueuses formant des chapelets (JAHNS, 2007 ; BIODEUG, 2007 ; BOISTEL, 1986).

1.6.2. Structure hétéromère

C'est une structure caractéristique des thalles non gélatineux (DES ABBAYES, 2010) dans lesquels le mycobionte constitue le partenaire dominant de la symbiose lichénique et c'est donc lui qui organise celle-ci (SERUSIAUX et al., 2004).

Il s'agit d'une structure où le champignon d'une part et l'algue d'autre part forment des couches (ou strates) individualisées (JAHNS, 2007). Les hyphes du champignon sont plus ou moins serrées suivant qu'elles appartiennent à une couche plus ou moins profonde du tissu (BOISTEL, 1986), par exemple, chez *Lecidella elaeochroma*, lichen crustacé, sur une coupe verticale du thalle, on trouve du haut en bas : un cortex supérieur (hyphes bien serrées), une couche algale et la médulle constituée d'hyphes peu serrées (HALUWYN et al., 2009).

1.6.2.1. Les différentes strates du thalle

1.6.2.1.1. Cortex supérieur

Il est souvent important, lors des déterminations des espèces lichéniques, d'observer la structure des cortex (HALUWYN et al., 2009), par exemple pour distinguer le genre *Cladonia* du sous genre *Cladina* (DAHL, 2003).

Le cortex supérieur (ou couche corticale) est formé d'hyphes à parois plus ou moins épaissies et soudées, par une substance mucilagineuse (JAHNS, 2007), constituant un faux-tissu celluleux, le plectenchyme (DES ABBAYES, 2010 ; HAUWYN et al., 2009 ; LÜTTGE, et al., 2002).

Selon JAHNS (2007), ce sont les conditions écologiques environnantes défavorables qui obligent les lichens, à quelques exceptions près, d'édifier par-dessus la couche gonidiale la couche protectrice du cortex.

Au microscope, on n'aperçoit, de ce tissu dense formé par les hyphes très serrées et très enchevêtrées du mycobionte, que quelques lacunes (intervalles entre les cellules filamenteuses) arrondies ou carrées, assez régulièrement distribuées qu'on peut prendre à première vue pour des cellules (BOISTEL, 1986).

1.6.2.1.2. Couche algale

Au-dessous du cortex supérieur, se trouve une couche constituée d'un réseau lâche d'hyphes dans lequel s'insèrent les cellules d'algues (LÜTTGE, et al., 2002), c'est la couche algale (DES ABBAYES, 2010).

A la loupe, sur une coupe transversale du lichen, la couche d'algues se reconnaît comme une couche de couleur verte (JAHNS, 2007).

Les hyphes entrent en contact étroit avec les algues et pénétrant même dans certains cas dans les cellules d'algues par l'intermédiaire d'"'hyphes suçoirs" en guise d'haustorium (LÜTTGE, et al., 2002).

1.6.2.1.3. Médulle

En dessous de la couche d'algues (couche à gonidies), se trouve la couche médullaire, un réseau d'hyphes entrecroisées ou parallèles, plus ou moins denses (DES ABBAYES, 2010). Ce réseau d'hyphes est dépourvu d'algue et sert à l'aération du thalle (LÜTTGE, et al., 2002).

Les hyphes constituant la médulle sont bien distinctes sous le microscope et on peut facilement suivre leur entrecroisement (BOISTEL, 1986).

1.6.2.1.4. Cortex inférieur

La face inférieure de la médulle se termine tantôt par des hyphes s'enfonçant dans le substrat (chez les thalles crustacés) ou des faisceaux d'hyphes formant des rhizines (ou crampons), tantôt par un cortex inférieur pourvu ou non de rhizines (DES ABBAYES, 2010).

La structure du cortex inférieur, quand il est présent, est pareille à celle du cortex supérieur (DES ABBAYES, 2010 ; HAUWYN et al., 2009 ; LÜTTGE, et al., 2002) surtout chez les lichens qui affectent la disposition en feuilles dressées perpendiculairement au support ; Cependant, elle est un peu plus mince dans la plupart des lichens qui n'adhèrent pas étroitement à leur substrat (BOISTEL, 1986).

Les hyphes des cortex supérieur et inférieur constituent le plus souvent des faux tissus celluleux, paraplectenchyme et prosoplectenchyme (HAUWYN et al., 2009) qu'il est parfois nécessaire d'observer pour déterminer certaines espèces du genre *Physcia* par exemple (SERUSIAUX et al., 2004).

1.6.2.2. Types de structures hétéromères

La structure hétéromère (figure 1) diffère d'un type de thalle à un autre : structure stratifiée (lichens crustacés et foliacés), structure radiée (lichens fructiculeux cylindriques) et structure stratifiée-radiée (les lichens composites).

1.6.2.2.1. Structure hétéromère stratifiée

On parle de structure stratifiée lorsque les éléments du thalle sont disposés en couches parallèles ou strates (DES ABBAYES, 2010). Cette structure est formée, de la face supérieure à la face inférieure par : un cortex supérieur, une couche algale, une couche médullaire et un cortex inférieur (HAUWYN et al., 2009).

1.6.2.2.2. Structure hétéromère radiée

La structure hétéromère radiée est semblable à celle hétéromère stratifiée, mais le cortex inférieur n'existe pas (HALUWYN et al., 2009) et le tout est disposé en couches concentriques (DES ABBAYES, 2010).

Les lichens fructiculeux cylindriques (en forme de petits buissons) montrent une symétrie axiale (HALUWYN et al., 2009) : ils ont un cortex circulaire extérieur au-dessous duquel se trouve une couche gonidiale (JAHNS, 2007) puis une partie axiale (médulle) constituée d'hyphes longitudinales (HALUWYN et al., 2009) rangées parallèlement dans le sens de la direction générale de thalle (BOISTEL, 1986) formant un cordon axial (HALUWYN et al., 2009) solide ou virtuel et représenté alors par une cavité (DES ABBAYES, 2010).

1.6.2.2.3. Structure hétéromère stratifiée-radiée

Les thalles des *Cladonia* ont une structure hétéromère stratifiée-radiée car ils combinent les deux types de structure stratifiée : structure stratifiée des petites squamules (ou du thalle foliacé ou crustacé) et structure radiée des petites branches dressées et creuses (SERUSIAUX et al., 2004).

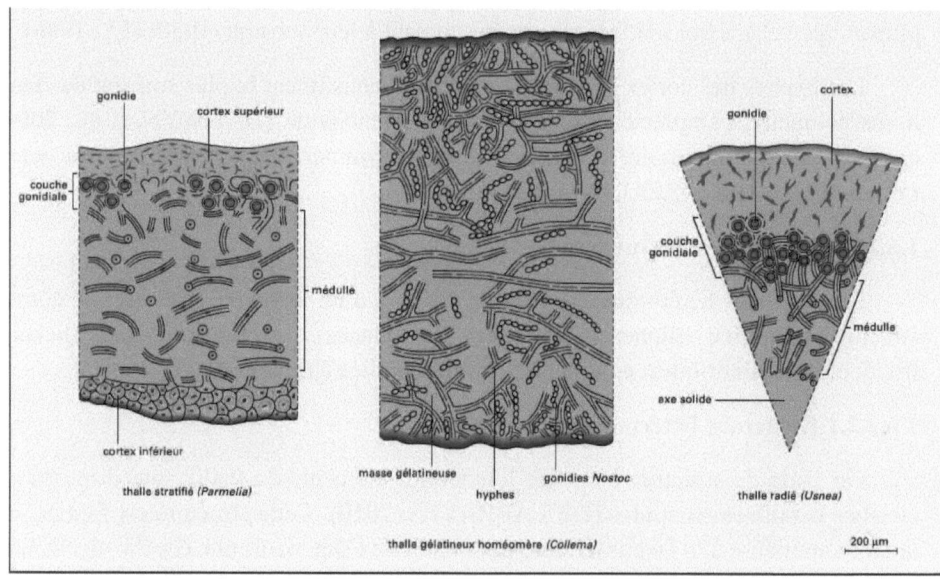

Figure 1 : Différentes structures de thalle (ABBAYES, 2011).

1.7. Morphologie du lichen

L'aspect d'un lichen est encore le plus facilement utilisable en pratique, bien qu'il n'ait actuellement pas de grande valeur en tant que critère scientifique (JAHNS, 2007).

Un lichen se compose essentiellement de deux parties : la partie consacrée à la végétation ou la plante proprement dite (appareil végétatif) appelée "thalle" et la partie consacrée à la production des semences propageant l'espèce qui sont les fructifications (BOISTEL, 1986).

1.7.1. Le thalle

Le thalle se caractérise par une grande diversité de couleurs et de formes (HALUWYN et al., 2009).

1.7.1.1. Formes

La structure résultant de la symbiose lichénique est le plus souvent organisée par le mycobionte (SERUSIAUX et al., 2004) et non par le photobionte (JAHNS, 2007).

En fonction de leur morphologie, on peut distinguer plusieurs types de thalles, les trois principaux étant : les thalles crustacés, foliacés et fructiculeux (BAUWENS, 2003). Cependant, il existe de nombreux cas intermédiaires (SERUSIAUX et al., 2004).

1.7.1.1.1. Thalle crustacé

Le thalle crustacé (figure 2) forme une lamelle, ou une croûte mince très adhérente au substrat tapissant les écorces, les rochers, les trottoirs, etc. (LÜTTGE, et al., 2002 ; JAHNS, 2007 ; DES ABBAYES, 2010).

Les lichens des genres *Lecanora*, *Lecidella*, etc. ont un thalle crustacé (HALUWYN et al., 2009).

Fortement appliquée au substrat (JAHNS, 2007), pénétrant parfois très profondément à l'intérieur des pierres et écorces (BIODEUG, 2007 ; HAUWYN et al., 2009) et ne manifestant à l'extérieur que par une tache généralement plus pâle (BOISTEL, 1986), cette croûte peut en effet être difficilement détachée sans être endommagée et sans que le substrat lui-même soit prélevé (SERUSIAUX et al., 2004).

Pour l'anatomie du thalle crustacé, on trouve, de l'extérieur (air) vers l'intérieur (contre le substrat) : un mycélium (le cortex), une couche gonidiale et une médulle arachnoïde (BIODEUG, 2007). Selon (BOISTEL, 1986), ce thalle crustacé est fixé très intimement au support par le tissu même de sa face inférieure, qui se moule exactement sur ce support et prolonge souvent des filaments très tenus dans les fissures minuscules qu'il présente (BOISTEL, 1986).

Avec un taux de 90% (HALUWYN et al., 2009), le type crustacé est le plus répandu (SERUSIAUX et al., 2004).

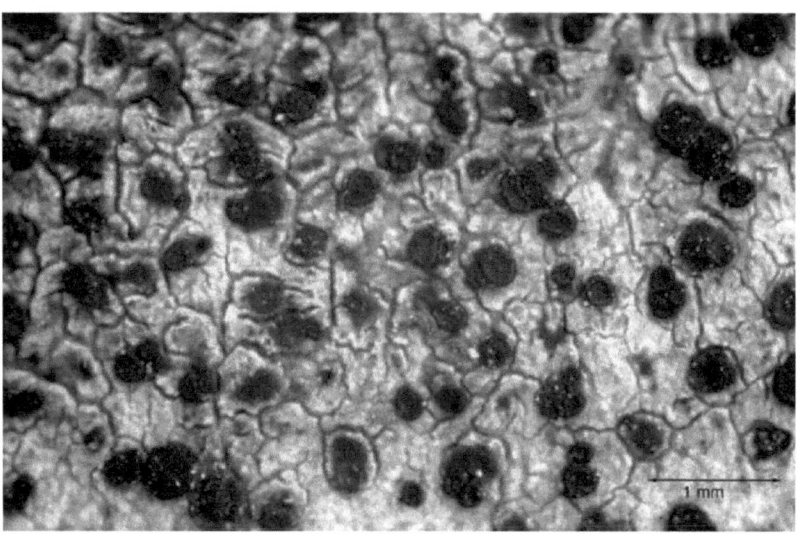

Figure 2 : Thalle crustacé de *Lecidella elaeochroma* (SCHUMM, 2008).

1.7.1.1.2. Thalle lépreux

Le thalle lépreux forme sur son substrat une « lèpre », croûte entièrement formée de petits granules farineux sans cortex et sans forte cohérence, pouvant être très colorée (SERUSIAUX et al., 2004) et ressemblant à l'œil nu à de la poudre qui se détache facilement (HALUWYN et al., 2009).

Selon DES ABBAYES (2010), il s'agit d'un thalle très primitif, restant à l'état de croûte pulvérulente.

Ce type de thalle est une autre variante particulière du type crustacé (SERUSIAUX et al., 2004), pour cela les lichens lépreux sont traités avec les crustacés (HALUWYN et al., 2009).

Les lichens lépreux sont caractéristiques des habitats abrités des pluies tels les surplombs rocheux et les crevasses des écorces (SERUSIAUX et al., 2004). Comme exemples, on citera les genres : *Lepraria, Chrysothrix*, etc. (HALUWYN et al., 2009).

1.7.1.1.3. Thalle squamuleux

Le thalle squamuleux se présente sous forme de petites écailles ou de squamules, fréquemment fortement imbriquées, qui peuvent se chevaucher partiellement et qui sont adhérentes fortement au substrat par une seule zone centrale, en moins en partie (SERUSIAUX et al., 2004 ; HALUWYN et al., 2009).

Comme lichens squamuleux, il y a *Normandina pulchella, Hypcenomyce scalaris, etc.* (HALUWYN et al., 2009).

Le type squamuleux est incontestablement intermédiaire entre le type crustacé et le type foliacé. La distinction du type crustacé avec le type squamuleux relève parfois d'une appréciation subjective (SERUSIAUX et al., 2004).

Lorsqu'un thalle formé de squamules est fixé à son substrat par une seule zone centrale, le thalle est pelté : c'est le cas par exemple d'Anema *nummularium* (SERUSIAUX et al., 2004).

1.7.1.1.4. Thalle placodiomorphe

On parle du thalle placodiomorphe, lorsqu'il est très fortement adhérent au substrat mais est distinctement lobé à la périphérie. Il est donc intermédiaire entre le type crustacé et le type foliacé (SERUSIAUX et al., 2004).

1.7.1.1.5. Thalle composite

Le thalle composite, dit aussi complexe, dimorphe ou podétié (JAHNS, 2007), est constitué d'un thalle primaire sur lequel se développe un thalle secondaire (DES ABBAYES, 2010 ; HALUWYN et al., 2009 ; SERUSIAUX et al., 2004).

Le thalle primaire, partie basale (DES ABBAYES, 2010) horizontale (JAHNS, 2007), adhérent au substrat (HALUWYN et al., 2009), est généralement foliacé (JAHNS, 2007) ou constitué de petites squamules (SERUSIAUX et al., 2004). Stérile

(JAHNS, 2007) et évanescent (DES ABBAYES, 2010), le thalle primaire disparaît très généralement avec le temps, ne laissant en place qu'un ensemble de thalles fructiculeux (JAHNS, 2007).

Le thalle secondaire, dressé et plus ou moins ramifié (DES ABBAYES, 2010 ; HAUWYN et al., 2009) en petites branches (SERUSIAUX et al., 2004) ou non, parfois terminé en coupe (DES ABBAYES, 2010) ou vase (SERUSIAUX et al., 2004), en forme de trompette (HALUWYN et al., 2009) ou en forme d'entonnoirs (JAHNS, 2007), s'appelle *podétion* (SERUSIAUX et al., 2004 ; JAHNS, 2007 ; BIODEUG, 2007).

Les podétions (figure 3) sont en fait une partie des ascocarpes (stipes) qui n'apparaissent que rarement chez certaines espèces (SERUSIAUX et al., 2004). Ces podétions peuvent engendrer à leur tour des podétions-fils sur leurs flancs ; ces podétions peuvent aussi être fructiculeux, ramifiés en arbuscule (JAHNS, 2007).

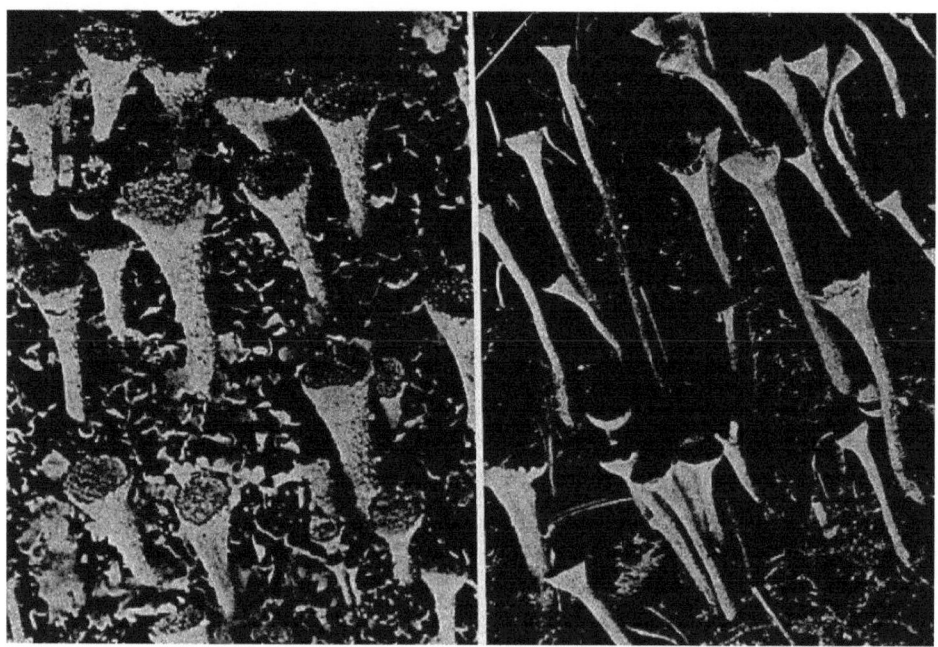

Figure 3 : Thalles composites du Genre *Cladonia* (OZENDA et al. 1970).

Les lichens composites ont une structure stratifiée (de symétrie dorsiventrale) dans leur thalle primaire, et radiée dans leurs podétions (DES ABBAYES, 2010). En coupe, un podétion (thalle secondaire) présente : un cortex supérieur, une couche gonidiale, une médulle arachnoïde creuse, une médulle chondroïde et une lacune centrale (BIODEUG, 2007).

Ce type est caractéristique de quelques genres tels *Cladonia* et *Stereocaulon* (DES ABBAYES, 2010) ; (JAHNS, 2007) ; (SERUSIAUX et al., 2004).

Il est à noter que le thalle des *Stereocaulon* est également formé de squamules réparties sur des petites branches dressées, pleines et souvent ramifiées. Mais à l'inverse des *Cladonia*, ces dernières ne constituent pas une partie des ascocarpes. Les branches dressées sont appelées pseudopodétions, tandis que les squamules sont des phyllocades (SERUSIAUX et al., 2004).

1.7.1.1.6. Thalle foliacé

Ce type de thalle est en forme de lame foliacée ou de feuille, à structure typiquement dorsiventrale, plus ou moins lobée ou divisée (figure 4), et se sépare généralement facilement sans trop de dommages de son substrat (LÜTTGE, et al., 2002 ; SERUSIAUX et al., 2004 ; HALUWYN et al., 2009).

Les lichens foliacés sont étalés sur le substrat mais leur fixation peut ne pas faire appel à des organes particuliers (des plis selon Des Abbayes (2010)) ou se faire par des crampons ou des rhizines fixatrices (SERUSIAUX et al., 2004 ; JAHNS, 2007).

D'un point de vue de structure, on trouve de l'extérieur vers l'intérieur : un cortex supérieur, une couche gonidiale (cellules algales), une médulle arachnoïde et un cortex inférieur avec des rhizines (BIODEUG, 2007).

Comme lichens foliacés, on peut citer à titre d'exemples : *Xanthoria* (*X. parietina*), *Parmelia* (*P. sulcata*), *Physcia* (*P. tenella*), etc. (HALUWYN et al., 2009).

Le thalle foliacé est divisé au pourtour, et souvent aussi vers son milieu, par des incisions plus ou moins profondes, qui découpent ce qu'on appelle des lobes, et quand ces lobes sont eux-mêmes divisés on appelle ces subdivisions des lobules. Les lobes et lobules peuvent d'ailleurs être plus ou moins larges ou étroites et à bords parallèles (BOISTEL, 1986).

L'extrémité des lobes peut être arrondie, ou coupée carrément au sommet ou enfin découpée très finement, et comme effrangée au bout. L'ensemble des lobes et lobules forme généralement une large rosette (BOISTEL, 1986).

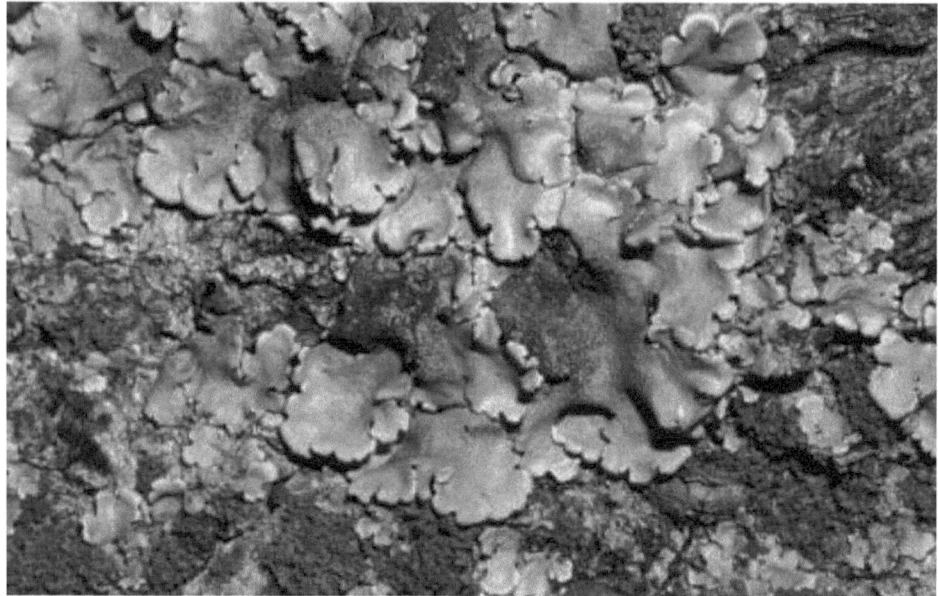

Figure 4 : Thalles foliacé d'une Parmélie (SERUSIAUX et al., 2004).

1.7.1.1.7. Thalle ombiliqué

Plus rarement, lorsque la fixation du thalle foliacé au substrat se fait par un seul point, plus ou moins central, à la face inférieure, on dit que ce thalle est "ombiliqué" ; c'est le cas de genres *Lasallia* et *Umbilicaria* mais aussi de quelques genres similaires dont *Dermatocarpon* (JAHNS, 2007 ; SERUSIAUX et al., 2004).

1.7.1.1.8. Thalle fructiculeux

Le thalle fructiculeux, ou buissonnant (DES ABBAYES, 2010), qui est finement ramifié (LÜTTGE, et al., 2002), prend soit la forme cylindrique de tiges ou de branches, soit la forme aplatie de lanières ou de feuilles allongées (figure 5). Ces tiges et ces lanières peuvent être dressées (extrémité libre tournée vers le haut), pendantes (extrémité libre tournée vers le bas) ou étalée en tous sens (BOISTEL, 1986).

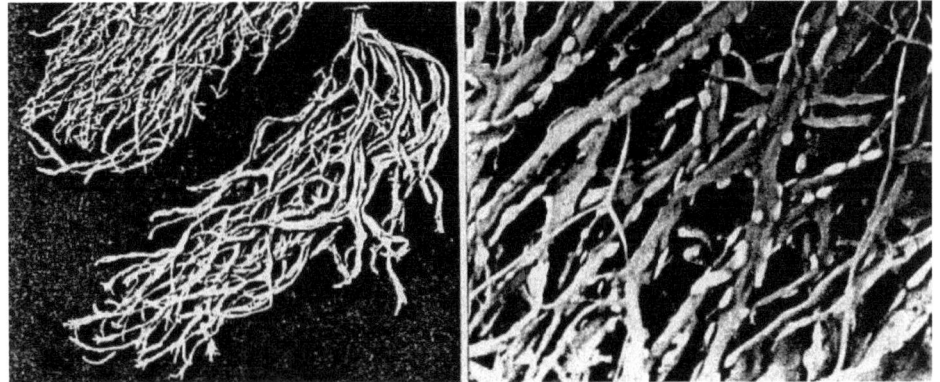

Figure 5 : Thalles fructiculeux de *Ramalina farinacea* (OZENDA et al. 1970).

Les lichens fructiculeux, appliqués au substrat par une faible partie ou simplement un point (BIODEUG, 2007) et devant par conséquent supporter une grande traction, développent dans le thalle un faisceau axial épais qui est nettement visible, par exemple, chez les usnées quand on étire délicatement le thalle (JAHNS, 2007).

Les thalles fructiculeux sont parfois aplatis (en lanières) mais généralement de symétrie typiquement radiaire (tiges cylindriques) : c'est le cas chez les genres *Bryoria*, *Ramalina* et *Usnea* (SERUSIAUX et al., 2004 ; DES ABBAYES, 2010).

1.7.1.1.9. Thalle gélatineux

Les thalles foliacés lichénisés avec des cyanobactéries, en particulier avec *Nostoc*, deviennent souvent gélatineux à l'état humide, mais ce n'est pas toujours le cas comme chez les *Peltigera* qui ont une couleur significativement différente dans cet état (SERUSIAUX et al., 2004).

Ce type de thalle tire son nom du fait de sa structure gélatineuse lorsqu'il est humide ; Mais à l'état sec, il se rétracte en une pellicule mince comme une feuille de papier (LÜTTGE, et al., 2002) et devient noir et cassant (HALUWYN et al., 2009). La forme de ce thalle lichénique est déterminée par les algues (JAHNS, 2007) et non pas par le champignon.

Figure 6 : Thalle gélatineux à l'état humide (SERUSIAUX et al., 2004).

Les thalles gélatineux sont tous à gonidies Cyanophycées fournissant par leur gaine gélatineuse la substance amorphe où circulent les hyphes (DES ABBAYES, 2010).Selon LÜTTGE et al. (2002), l'aspect gélatineux de ces lichens est lié à la turgescence de l'enveloppe des algues bleues.

Les espèces des genres *Collema* (figure 6), *Leptogium*, *Ephebe* et *Lichina* ont un thalle gélatineux (HALUWYN et al., 2009 ; JAHNS, 2007).

L'avantage physiologique des lichens gélatineux provient du fait que les algues bleues sont généralement fixatrices d'azote. Pour acquérir cet avantage, certains lichens constitués d'algues vertes adoptent aussi des algues bleues comme symbiote complémentaire qu'ils installent dans des céphalodies (LÜTTGE, et al., 2002).

1.7.1.1.10. Thalle filamenteux

Le thalle filamenteux est constitué de filaments, généralement très foncés non gélatineux et entièrement organisés autour de filaments de *Trentepohlia* (SERUSIAUX et al., 2004). Longs de quelques millimètres, ces filaments forment un tapis dense qui couvre le support comme du velours (LÜTTGE, et al., 2002).

Dans ce type de thalle, l'algue est un filament de chlorophycée ou de cyanophycée entouré d'un manchon d'hyphes mycéliennes ; donc la forme de ce type de thalle est déterminée par l'algue (JAHNS, 2007).

Le type filamenteux est un cas rare, (SERUSIAUX et al., 2004). Il s'agit d'un thalle très primitif, formé d'une algue filamenteuse entourée d'un réseau d'hyphes (DES ABBAYES, 2010).

1.7.1.2. Couleur

Les lichens varient souvent très notablement de couleur quand ils sont frais ou quand ils sont à l'état sec. A l'état humide, la couche verte qui se trouve sous l'écorce apparaît souvent par transparence et change complètement la couleur apparente du thalle (BOISTEL, 1986).

Puisque on voit les lichens presque toujours à l'état sec (dans la nature et en herbier), la couleur mentionnée dans la description doit donc toujours être prise sur un échantillon sec : c'est d'ailleurs l'usage adopté par tous les lichénographes (BOISTEL, 1986).

La couleur des thalles est ordinairement terne : verdâtre, grisâtre, brune plus ou moins foncée, noire ; plus rarement vive : verte, jaune, orangée ou rouge (DES ABBAYES, 2010).

1.7.1.3. Dimensions

La taille des thalles varie, en fonction de l'espèce et bien entendu de l'âge, de quelques centimètres à plusieurs décimètres ou même un mètre et plus (DES ABBAYES, 2010).

Malgré les variations de taille qui sont très fréquentes, il faut se rendre compte de la grandeur approximative d'une espèce. Il est également important de citer les mesures des fructifications pour éviter toute confusion (BOISTEL, 1986).

1.7.2. Organes portés par le thalle

Les thalles de lichens portent différents organes, reproducteurs (apothécies, périthèces, isidies et soralies) et non reproducteurs (rhizines, cils, poils, ...).

1.7.2.1. Organes reproducteurs

Lorsque le mycobionte est un basidiomycète (cas des *Lichenomphalia*), le thalle produit des basidiocarpes à pied et chapeau, de type "agaric" et dont les lamelles portent les basides (SERUSIAUX et al., 2004).

Pour déterminer les espèces de Ascolichenes, il est souvent nécessaire d'examiner les ascomes (ou ascocarpes), les asques et les spores (HALUWYN et al., 2009).

La forme de l'ascocarpe (organe contenant les asques) et le mode de contact entre l'hyménium et le milieu extérieur permettent la distinction de deux grands types d'ascocarpes : les apothécies et les périthèces (SERUSIAUX et al., 2004).

1.7.2.1.1. Apothécies

Les apothécies se présentent, le plus souvent, sous la forme de petits cercles ou disque, entourés très fréquemment d'un rebord, rappelant la forme d'une soucoupe ou d'un goder à délayer les couleurs (BOISTEL, 1986) ou encore d'une coupe (DES ABBAYES, 2010).

Les apothécies sont donc le plus souvent arrondies (DES ABBAYES, 2010). Parfois, mais beaucoup plus rarement, elles sont longuement étirées devenant linéaires (figure 7), parfois ramifiées au bout, ressemblant à des petites fentes droites ou sinueuses ou à des ovales plus ou moins étroits ou même à de simples lignes généralement flexueuses ou organisées en étoiles. De telles apothécies sont dites « lirelles » que l'on trouve, par exemple, chez les *Graphis* et *Opegrapha* (HALUWYN et al., 2009 ; SERUSIAUX et al., 2004 ; BOISTEL, 1986).

Enfin, très exceptionnellement, les apothécies sont portées sur un pied et affectent la forme de très petits entonnoirs ou de verres à pied. C'est le cas des cladonies podétiées dont les semences, au lieu d'être renfermées dans un disque solide, sont libres à l'état de poussière dans l'entonnoir ou le verre qu'elles débordent souvent (BOISTEL, 1986).

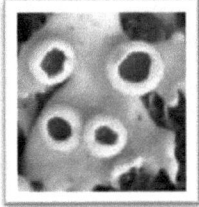 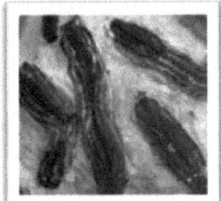 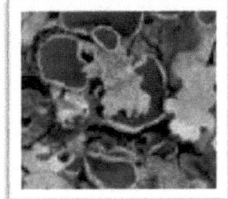 

Figure 7 : Quelques types, formes et couleurs d'Apothécies (SCHUMM, 2008).

Les apothécies présentent une grande diversité de taille, de couleur et de localisation sur le thalle (HALUWYN et al., 2009).

La taille des apothécies peut atteindre un à deux centimètres (DES ABBAYES, 2010). Quant à la couleur, elle est soit claire ou sombre : jaune, rouge, brune ou très fréquemment noire (BOISTEL, 1986 ; DES ABBAYES, 2010).

Les apothécies peuvent être localisées à la surface supérieure du thalle, comme chez les *Solorian*, ou à la face inférieure de l'extrémité des lobes qui redressent en suite légèrement, chez les *Nephroma* par exemple (SERUSIAUX et al., 2004). Si le champignon est un discomycète, les apothécies sont sur les bords du thalle et forment un petit sillon convexe ou concave (BIODEUG, 2007).

1.7.2.1.1.1. Rebord de l'apothécie

Selon HALUWYN, et al. (2009) et BOISTEL (1986?), L'examen du rebord de l'apothécie permet de distinguer deux cas plus communs et bien distincts :

1.7.2.1.1.1.1.   Rebord thallin

L'apothécie est dite "lécanorine" et son rebord est dit "thallin", lorsque ce rebord est de même couleur et de même consistance que le thalle et possède alors des cellules du photosymbiote (présence d'une couche algale) comme est le cas par exemple chez les *Lecanora* (HALUWYN et al., 2009 ; SERUSIAUX et al., 2004 ; BOISTEL, 1986).

1.7.2.1.1.1.2.   Rebord propre

L'apothécie est dite "lécidéine" et son rebord et qualifié de "propre" lorsque ce dernier est de même couleur et de même consistance que le disque de l'apothécie (couleur différente de celle du thalle) et ne possède pas les cellules du photobionte, comme pour les *Lecidella* (HALUWYN et al., 2009 ; SERUSIAUX et al., 2004 ; BOISTEL, 1986).

Si le bord propre n'est pas noir et il est d'une autre couleur plus claire (carmée, orangée ou brune) et de consistance plus ou moins molle, l'apothécie est dite "biatorine" (SERUSIAUX et al., 2004 ; GAVÉRIAUX, 2010).

1.7.2.1.1.2. Disque de l'apothécie

Le disque de l'apothécie, qui est en fait la partie supérieure de l'hyménium, peut être concave (en creux), plane ou convexe (bombé), parfois très fortement, et ces différentes formes peuvent être dépendantes de l'âge de l'apothécie (SERUSIAUX et al., 2004).

1.7.2.1.1.3. Hyménium

On appelle "hyménium" (figure 8), la couche compacte essentiellement formée par des cellules, généralement allongées et à peu près cylindriques, serrées et dressées parallèlement, qui sont de deux sortes : des hyphes appelées asques (ou thèques) et des filaments stériles dits paraphyses (BOISTEL, 1986 ; JAHNS, 2007).

L'hyménium a une consistance plus ferme (plus dure que toutes les autres parties du lichen) approchant de celle de la corne ou du caoutchouc et a une section luisante comme celle de la cire (BOISTEL, 1986).

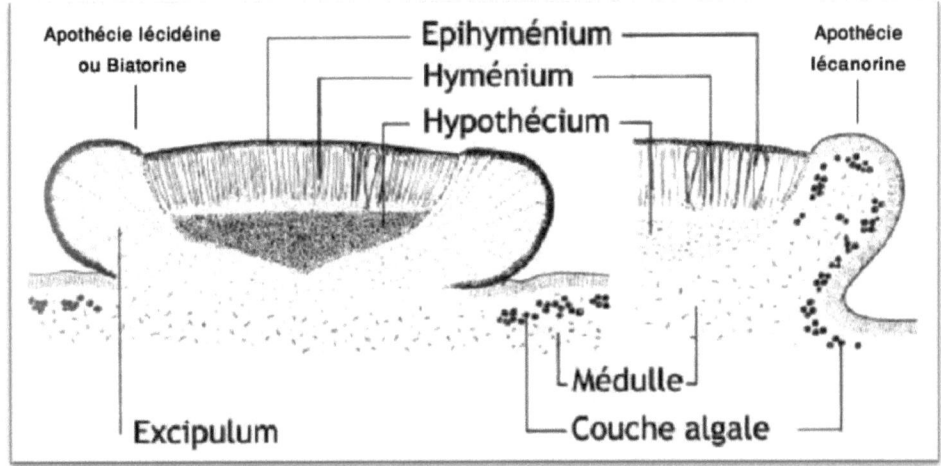

Figure 8 : Coupe à travers une apothécie (D'après Wirth, 1995 in SERUSIAUX et al., 2004).

1.7.2.1.1.3.1. Paraphyses

Il s'agit de filaments stériles dont les extrémités fréquemment épaisses (SERUSIAUX et al., 2004) et contenant des pigments, dépassent souvent les sommets des asques pour former l'épithécium (HALUWYN et al., 2009).

Selon BOISTEL (1986), il s'agit de cellules étroites et simplement renflées à leur partie supérieure qui, en se gonflant très facilement et très rapidement par l'humidité, servent à l'expulsion des spores en pressant latéralement sur les thèques dont la partie supérieure se rompt par l'effet de cette pressions.

1.7.2.1.1.3.2. Thèques

Ce sont les cellules plus renflées dès le bas et qui affectent la forme globuleuse ou elliptique, mais plus généralement la forme en massue. Ces thèques contiennent les spores destinées à propager au loin le lichen (BOISTEL, 1986).

1.7.2.1.2. Spores

Elles varient en fonction de la forme, la taille, la septation (ou cloisonnement) et de la couleur (BOISTEL, 1986). Ces variations forment un ensemble de caractères très utilisé en taxonomie (SERUSIAUX et al., 2004).

1.7.2.1.2.1. Nombre de spores par thèque

Les spores sont très généralement au nombre de 8 dans chaque thèque, rarement on les trouve en plus petit nombre, plus rarement encore en nombre plus élevé (BOISTEL, 1986).

1.7.2.1.2.2. Taille de spore

Il est indispensable de mesurer la taille des spores, car c'est un critère de détermination (figure 9). La taille de spore est déterminée dans l'eau à l'aide d'un microscope muni d'un micromètre (COSTE, 1989).

1.7.2.1.2.3. Forme de spores

Selon la forme, on peut distinguer (BOISTEL, 1986 ; SERUSIAUX et al., 2004) :

- spore sphérique (rarement),
- spore elliptique,
- spore ovale (atténuée un peu à chaque extrémité),
- spore fusiforme (assez peu renflée au milieu et assez longuement atténuée à chaque extrémité),
- spore en aiguille (cylindrique, ou à peu près, sur une assez grande longueur et terminée en pointe à chaque bout),
- spore en massue (un bout est grand et arrondi tandis que l'autre est atténué).

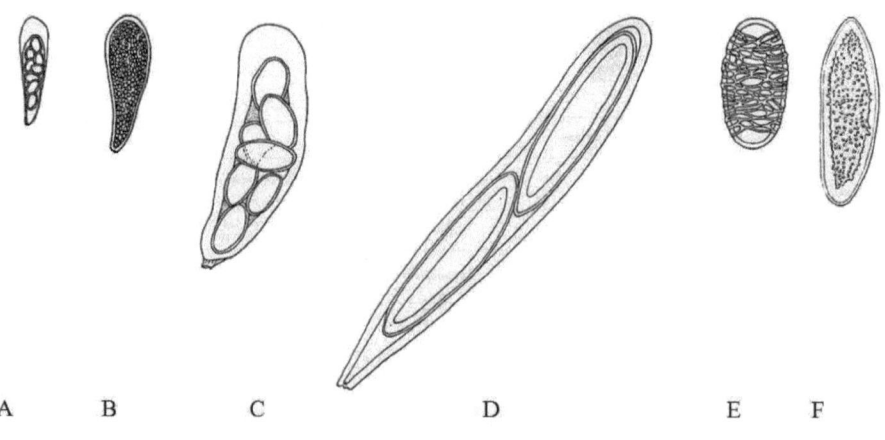

A   B   C   D   E F

A : Spore par 8 de taille moyenne (10 µ environ).
B : Spores très petites en nombreuses.
C : Spores par 8, très grandes.
D : Asques et spores géantes, le nombre de spores étant réduit à deux.
E : Membrane ornée extérieurement d'un réseau de veines saillantes.
F : Spore à exospore et endospore bien distinctes, la seconde percée d'invaginations.

Figure 9 : Variation dans la taille, le nombre et la structure des spores (OZENDA et al., 1970).

1.7.2.1.2.4. Septation de spores

Les divisions des spores sont produites par des cloisons qui les coupent en un certain nombre de loges. Généralement, lorsque les cloisons sont en petit nombre, elles sont perpendiculaires à l'axe de la spore. Dans ce cas, le nombre des loges est nécessairement supérieur d'une unité à celui des cloisons : une cloison produit deux loges, 2 cloisons en produisent 3, etc. (BOISTEL, 1986).

D'après la septation (division ou cloisonnement), on a (BOISTEL, 1986 ; SERUSIAUX et al., 2004 ; HALUWYN et al., 2009) :

- Spore simple (une spore qui n'est pas divisée en loges) ;

- Spore murale (spore cloisonnée à la fois transversalement et longitudinalement, les cloisons sont nombreuses et disposées dans tous les sens rappelant l'aspect des pierres d'un mur) ;

- Spore polariloculaire (spore elliptique à paroi colorée ou non mais présentant un épaississement équatorial considérable repoussant le cytoplasme dans deux loges polaires reliées entre-elles par un canal étroit passant au milieu généralement visible ce qui donne à la spore une forme de sablier comme est le cas chez *Xanthoria*).

Il est à noter que le vocabulaire employé ressortit souvent de l'usage courant en mycologie, spores fusiformes à une cloison transversale par exemple (SERUSIAUX et al., 2004).

1.7.2.1.3. Périthèces

Les périthèces sont de petites sphères creuses (HALUWYN et al., 2009), en forme de petites outres ou de petites poires, de l'ordre du millimètre et généralement noires (DES ABBAYES, 2010), enfoncées dans le thalle ou plus ou moins superficiellement et renferme l'hyménium (SERUSIAUX et al., 2004).

L'hyménium du périthèce tapisse le fond de la cavité et la dispersion des ascospores se fait uniquement par une petite ouverture ou pore apical (localisé au sommet) et punctiforme appelée "ostiole", qui est fréquemment en partie obstrué (bouché) par des filaments stériles dits "périphyses" (DES ABBAYES, 2010 ; SERUSIAUX et al., 2004).

« Le périthèce est entouré d'une enveloppe protectrice plus ou moins complète ou pyrénium, pouvant être surmontée dans sa partie supérieure d'une sorte de couvercle, l'involucrellum » (HALUWYN et al., 2009).

Certaines apothécies s'ouvrent incomplètement et rappellent des périthèces à ostiole étroit : ce sont des apothécies périthécoïdes (ex : *Pertusaria, Thelotrema, Lepadinum*) (HALUWYN et al., 2009).

Les genres *Dermatocarpon, Endocarpon, Normadina, Placidiopsis, Placidium* et *Placocarpus*, entre autres, produisent des périthèces (SERUSIAUX et al., 2004).

1.7.2.1.4. Pycnides

Les pycnides sont des organes de multiplication, piriformes (en forme de poire), formés par le champignon. Ils donnent naissance, par voie asexuée, à des conidies, cellules identiques à des spores (HALUWYN et al., 2009 ; JAHNS, 2007).

Leur fonction n'étant pas connue avec certitude, ces pycnides jouent probablement le rôle de gamètes (intervention dans les remaniements sexuels des chromosomes) ou assurent une multiplication végétative comme chez les champignons libres non lichénisés (HALUWYN et al., 2009 ; BIODEUG, 2007 ; JAHNS, 2007).

Le plus souvent enfoncés dans l'épaisseur du thalle (JAHNS, 2007) ou parfois sessiles sur celui-ci (SERUSIAUX et al., 2004), les pycnides ne sont ordinairement visibles qu'à la loupe (HALUWYN et al., 2009).

1.7.2.1.5. Isidies

Les isidies sont des expansions du thalle (figure 10) : de petites protubérances (saillies) cortiquées (protégées par le cortex), dressées et ramifiées, formées à la surface du thalle et constituées d'algues et de champignons (les deux partenaires sont présents). Elles se détachent sous l'action du vent, se cassent facilement (passage d'un insecte ou frottement de deux lanières du *Pseudevernia furfuracea* par exemple) et peuvent redonner naissance à un thalle (HALUWYN et al., 2009 ; SERUSIAUX et al., 2004 ; BIODEUG, 2007 ; LÜTTGE, et al., 2002).

La forme des isidies est très variée et constitue un critère précieux en taxonomie : on reconnaît les isidies (SERUSIAUX et al., 2004 ; LÜTTGE, et al., 2002 ; BIODEUG, 2007 ; OZENDA, et al., 1970) : cylindriques, conique, squamiformes, verruciformes, pastilliformes, coralloïdes (formées d'une succession de renflements séparés par des constructions et le plus souvent ramifiés alors que les autres sont généralement simples), calviformes (en forme de clou ou de massue) et spatuliformes.

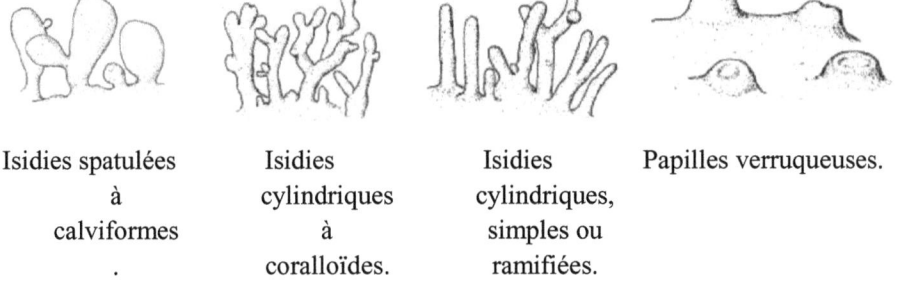

| Isidies spatulées à calviformes. | Isidies cylindriques à coralloïdes. | Isidies cylindriques, simples ou ramifiées. | Papilles verruqueuses. |

Figure 10 : Quelques types d'isidies (SERUSIAUX et al., 2004).

Selon SERUSIAUX et al. (2004), la distinction entre les isidies d'un côté et les petits tubercules ou papilles qui peuvent être présents n'est pas toujours aisée mais elle n'est en fait que fonctionnelle puisque par définition, les isidies sont des organes de reproduction végétative qui se détachent, tandis que les tubercules et papilles ne le sont pas.

1.7.2.1.6. Soralies

Quelle que soit le type du thalle, fructiculeux, foliacé ou crustacé (BOISTEL, 1986), toutes les espèces de lichens produisent des soralies (JAHNS, 2007) qui sont des petites masses (plaques ou verrues) farineuses ou granuleuses (SERUSIAUX et al., 2004).

Les soralies sont elles-mêmes constituées de petits amas de petites particules pulvérulentes, appelés sorédies. Ces dernières, souvent facilement individualisées sous la loupe, sont constituées des deux partenaires de la symbiose, quelques cellules d'algues maintenues ensemble par un entrelacs d'hyphes (SERUSIAUX et al., 2004 ; LÜTTGE, et al., 2002 ; BOISTEL, 1986 ; JAHNS, 2007).

"Le terme de soralie désigne donc l'ensemble de la structure, tandis que celui de sorédie correspond aux petits amas" (SERUSIAUX et al., 2004).

Le cortex du thalle s'interrompt et laisse échapper les sorédies qui, légères, seront transportées par le vent, la pluie, etc., permettant ainsi une dissémination de l'espèce (HALUWYN et al., 2009 ; LÜTTGE, et al., 2002) en donnant un nouveau thalle lorsque les conditions sont favorables (LÜTTGE, et al., 2002).

D'après leur aspect externe (figure 11), jouant un rôle essentiel dans la systématique, on reconnaît (JAHNS, 2007 ; SERUSIAUX et al., 2004 ; BOISTEL, 1986 ; OZENDA et al., 1970) :

- Des soralies sous forme de petites taches,

- Des soralies sphériques,

- Des soralies divisées,

- Des soralies en forme de casque,

- Des soralies en forme de bouton de guêtres ou de manchettes,

- Des soralies labiatiformes (sous la forme d'une lèvre recourbée ver le haut),

- Des soralies capitiformes (globuleuses ou sous la forme de petites têtes arrondies), etc.

En fonction de leur localisation sur le thalle, on trouve (SERUSIAUX et al., 2004 ; OZENDA et al., 1970) :

- Des soralies diffuses (présentes un peu partout sur le thalle, ou mal délimitées),

- Des soralies laminales (se développant sur le thalle),

- Des soralies marginales (situées à la marge du thalle et formant un bourrelet sorédial à la limite des deux faces),

- Des soralies terminales (localisées à l'extrémité des lobes, des branches ou des podétions).

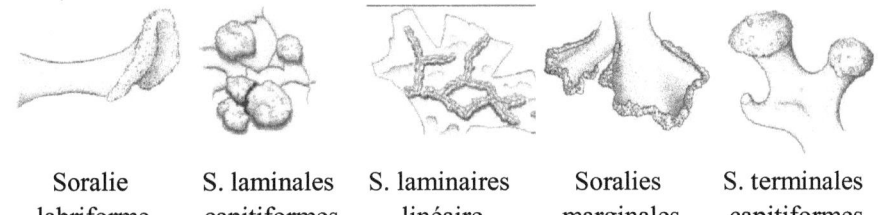

| Soralie | S. laminales | S. laminaires | Soralies | S. terminales |
| labriforme | capitiformes | linéaire | marginales | capitiformes |

Figure 11 : Différents types de soralies (SERUSIAUX et al., 2004).

Le bord des lanières du lichen *Evernia prunastri*, par exemple, est parsemé de soralies (SERUSIAUX et al., 2004), on parle alors de soralies marginales.

Les isidies et les soralies peuvent se former simultanément sur un même thalle, mais aussi séparément ; on aura, dans ce cas, des formes intermédiaires (JAHNS, 2007) comme les isidies soralifères (figure 12), lorsque les isidies peuvent se fragmenter et se résoudre en sorédies, et les soralies isidifères, quand les masses sorédiales au sein d'une soralie peuvent acquérir un cortex plus ou moins net (SERUSIAUX et al., 2004).

Soralie isidifère (ou soralie isidiale).   Isidie soralifère (ou isidie sorédiale).

Figure 12 : Cas intermédiaire entre les soralies et les isidies (d'après OZENDA et al., 1970).

1.7.2.2. Organes non reproducteurs

Le thalle du lichen peut porter un certain nombre d'organes non reproducteurs différents : rhizines, cils, poils, pruine, cyphelles et céphalodies ainsi que des spinules, haptères, papilles et tubercules (HALUWYN et al., 2009).

Chez le thalle hétéromère, les faces supérieure et inférieure peuvent souvent former des poils, ou présenter des formes circulaires de cristaux ou de cellules nécrosées, ou encore, différencier de fines expansions telles des cils, ... (JAHNS, 2007).

1.7.2.2.1. Rhizines

Les rhizines sont des poils (manchons ou faisceaux), formés de l'agglomération de filaments mycéliens lâches ou denses (figure 13), qui assurent l'adhésion du thalle à son substrat (SERUSIAUX et al., 2004 ; BOISTEL, 1986 ; JAHNS, 2007).

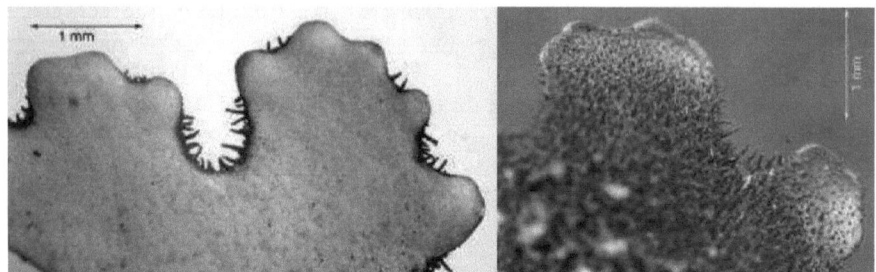

Figure 13 : Rhizines du *Parmelina quercina* (SCHUMM, 2008).

Semblables à des racines courtes plus ou moins grosses, les rhizines ne jouent pas en général le rôle absorbant (BOISTEL, 1986).

Localisées à la face inférieure du thalle et pouvant déborder latéralement lorsqu'elles sont longues et abondantes, les rhizines peuvent être simples ou ramifiées (SERUSIAUX et al., 2004), réunies en un seul point central, groupées par places ou espacées (BOISTEL, 1986).

1.7.2.2.2. Cils

D'après SERUSIAUX et al. (2004), les cils ont à peu près la même structure que les rhizines, mais ne servent pas à l'adhésion du thalle au substrat. Ils peuvent être présents à la marge du thalle ou [à celle] des ascospores.

1.7.2.2.3. Poils

Visibles à la loupe, les poils sont des hyphes plus ou moins libres et fines, parfois incurvées, qui se développent à la surface d'un thalle. L'ensemble des poils forment ce qu'on appelle un "tementum" (SERUSIAUX et al., 2004).

1.7.2.2.4. Pruine

On désigne par "pruine", les petits amas cristaux blanchâtres et luisants (oxalate de calcium) présents, localement ou un peu partout, sur le thalle (SERUSIAUX et al., 2004).

1.7.2.2.5. Cyphelles

Les cyphelles sont des déchirures à travers les couches du thalle (JAHNS, 2007), formant des dépressions assez profondes de contour généralement arrondi et à cavité de couleur claire (SERUSIAUX et al., 2004).

Ces cyphelles s'observent surtout chez le genre *Sticta* sous forme de petits trous, régulièrement distribués à la face inférieure du thalle, occupés par de petites cellules courtes et plus ou moins sphériques rappelant les pores respiratoires des plantes supérieures dont les lenticelles de l'écorce des arbres sont la plus belle illustration (JAHNS, 2007 ; SERUSIAUX et al., 2004).

Servant à l'aération de la couche gonidiale (BIODEUG, 2007), les cyphelles constituent une solution aux problèmes que posent, aux lichens ayant des thalles à consistance cartilagineuse, les cortex hermétiquement fermés en entravant les échanges gazeux nécessaires à la photosynthèse (JAHNS, 2007).

Les pseudocyphelles, par contre, sont de simples trous (JAHNS, 2007) ou interruptions du cortex qui laissent entrevoir la médulle sous-jacente (SERUSIAUX et al., 2004).

Jouant aussi le rôle de pores respiratoires (JAHNS, 2007), elles peuvent être ténues ou bien distinctes, et peuvent adopter des formes diverses : punctiformes, allongées ou linéaires, ou en réseau (SERUSIAUX et al., 2004).

1.7.2.2.6. Céphalodies

Les céphalodies sont des formations, vésiculiformes, organisées par le mycobionte du lichen, mais qui contiennent un photobionte différent de celui qui domine le thalle proprement dit (SERUSIAUX et al., 2004) ; (LÜTTGE, et al., 2002). Elles peuvent être externes et font saillie à la surface du thalle (LÜTTGE, et al., 2002) sous forme de petits tubercules (DES ABBAYES, 2010) ou internes et donc pratiquement invisibles sans coupe anatomique comme chez *Solorina saccate* ou chez les *Stereocaulon* (SERUSIAUX et al., 2004).

Lorsque les céphalodies sont internes, ce qui constitue un cas relativement rare, le thalle du lichen renferme, en plus de la couche normale de chlorophycée, une couche ininterrompue de cyanophycée et les deux couches d'algues se chevauchent (JAHNS, 2007).

Se trouvant uniquement chez les lichens à algue verte et contenant toujours une algue bleue (SERUSIAUX et al., 2004), les céphalodies apparaissent quand deux lichens sont superposés (LÜTTGE, et al., 2002) : un thalle à chlorophycée et un thalle à cyanobactérie, ordinairement des *Nostoc* (DES ABBAYES, 2010) qui peuvent fixer l'azote atmosphérique, ainsi qu'un double champignon (BIODEUG, 2007).

1.8. Types de lichens selon le substrat

Les lichens, selon HALUWYN et al. (2009), sont plus ou moins dépendants de leur support en fonction de leur morphologie : dépendance très étroite pour les lichens crustacés, moins grande pour les lichens foliacés, et encore moins pour les lichens fructiculeux.

Se rencontrant dans presque tous les habitats disponibles (SERUSIAUX et al., 2004), les lichens sont définis en fonction de leur substrat en lichens saxicoles, terricoles, muscicoles et corticoles (HALUWYN et al., 2009).

1.8.1. Lichens terricoles

On désigne par "terricoles", les espèces qui croissent sur le sol (SERUSIAUX et al., 2004). Pour VUST (2006), sont considérés comme terricoles, par exclusion, tous les lichens qui ne sont ni accrochés à un arbre ou une souche, ni incrustés à un substrat rocheux.

Pour ces espèces, il est intéressant de constater si ce sol est argileux ou sableux, calcaire ou siliceux (BOISTEL, 1986) car son pH, sa granulométrie, sa richesse en matières humiques ou en débris végétaux, son empoisonnement en métaux lourds et surtout son degré de rudéralisation sont des facteurs discriminants importants dans la répartition des lichens (SERUSIAUX et al., 2004).

1.8.2. Lichens saxicoles

Le terme "saxicoles" (ou rupicoles) désignent les espèces qui croissent sur les rochers (SERUSIAUX et al., 2004).

Les lichens saxicoles sont très sensibles aux caractéristiques mécaniques et chimiques de ce support : acidité, composition chimique, capacité de rétention en eau, tendance au délitage ou à la fragmentation, etc. (SERUSIAUX et al., 2004).

En effet, la nature de ce substrat (roche calcaire ou siliceuse par exemple) permet assez souvent de déterminer à première vue certaines espèces (BOISTEL, 1986).

Un autre facteur écologique déterminant les peuplements lichéniques est la teneur des substrats en azote. Par exemple, les crêtes rocheuses fréquentées par les oiseaux, même au simple titre de reposoir, sont aisément repérables à leur flore lichénique très caractéristiques (SERUSIAUX et al., 2004).

1.8.3. Lichens muscicoles

Les lichens muscicoles croissent sur des bryophytes. Ces derniers étant soit corticoles ou saxicoles, on parlera successivement de lichens muscicoles-épiphytes et muscicoles-saxicoles pour préciser l'écologie (SERUSIAUX et al., 2004).

1.8.4. Lichens épiphytes

Les lichens croissant sur un substrat vivant sont dits "épiphytes" (SERUSIAUX et al., 2004). Le mot « épiphyte » inclue non seulement les espèces vivant sur des écorces, mais également les espèces vivant sur des branches, des racines, du bois ou du bois mort d'arbres ou d'arbustes (DIEDERICH, 1989).

1.8.4.1. Lichens corticoles

On qualifie de " corticoles", les espèces qui croissent sur les écorces des arbres et arbustes. Ces espèces ne tirent aucun élément nutritif de ce support, mais sont très sensibles aux caractéristiques mécaniques et chimiques de celui-ci : acidité, capacité de rétention en eau, spongiosité, etc. (SERUSIAUX et al., 2004). Par conséquent, la nature de l'essence servant de support (phorophyte) est déterminante pour la distribution des lichens corticoles, ainsi que pour la structure des groupements qu'ils constituent (BRICAUD, 2006).

1.8.4.2. Lichens lignicoles

Les lichens qui apprécient le bois mort (arbres morts, dressés ou couchés, écorcés ou non, durs et secs ou pourrissants et humifères) sont appelés "lignicoles" (SERUSIAUX et al., 2004).

1.8.4.3. Lichens foliicoles

Les lichens, en régions tropicales et tempérées-atlantiques, qui apprécient les feuilles vivantes des plantes vasculaires, sont dits foliicoles (SERUSIAUX et al., 2004).

1.9. Reproduction et développement

Si les algues et cyanobactéries constituant les lichens se développent bien à l'état libre, il n'en est pas de même pour le mycobionte qui doit obligatoirement s'associer avec un photobionte pour se développer (SERUSIAUX et al., 2004).

Le partenaire algal se multiplie dans le thalle presque uniquement par division (DES ABBAYES, 2010) mitotique (HALUWYN et al., 2009) et seul le partenaire fongique possède des structures de reproduction (BIODEUG, 2007).

En réalité, soit les deux partenaires se dispersent ensemble au travers de mécanismes végétatifs, soit le mycobionte se reproduit et se disperse seul, ce qui implique ou non un mécanisme sexuel (SERUSIAUX et al., 2004), et trouve une algue capable de devenir une gonidie pour reconstituer le lichen (DES ABBAYES, 2010).

Deux modes de reproduction coexistent donc chez les lichens : la multiplication végétative et la reproduction sexuée (HAUWYN et al., 2009).

1.9.1. Reproduction sexuée

Dans les lichens, seul le champignon, contrairement à l'algue, se multiplie par voie sexuée (LÜTTGE, et al., 2002 ; JAHNS, 2007 ; HALUWYN et al., 2009).

Le partenaire fongique forme les organes reproducteurs typiques du champignon libre (JAHNS, 2007), ascome dans le cas des ascomycètes, basidiome dans celui des basidiomycètes (HALUWYN et al., 2009).

1.9.1.1. Chez les Ascomycètes

Chez les ascomycètes (Ascomycota), qui sont les champignons lichénisants dans la grande majorité des cas, les ascomes soit des apothécies ou des périthèces (JAHNS, 2007 ; MANNEVILLE, 2009 ; HALUWYN et al., 2009 ; DES ABBAYES, 2010).

A l'origine de l'ascocarpe (ascome), on trouve, comme chez les Ascomycètes autonomes, un ascogone (organe femelle) surmonté d'un trichogyne (DES ABBAYES, 2010).

Dans la majorité des cas, l'ascogone se développe sans fécondation, cependant une fécondation par une pycnoconidie-spermatie (des spores minuscules produites dans des conidanges ressemblant à de très petits périthèces) captée par le trichogyne est possible (DES ABBAYES, 2010).

La suite du développement, jusqu'à la production de l'hyménium, avec asques, spores, paraphyses, ne diffère pas, dans l'essentiel, de ce qui est connu chez les Ascomycètes (DES ABBAYES, 2010).

L'hyménium peut se différencier librement à la surface des apothécies ou à l'intérieur des périthèces (JAHNS, 2007).

A l'intérieur des asques (SERUSIAUX et al., 2004 ; HALUWYN et al., 2009), les spores prennent naissance par réduction chromatique (méiose + mitose) à partir d'une cellule-mère (HALUWYN et al., 2009).

Les spores sont libérées par rupture du sommet de l'asque par désintégration de la paroi (jamais d'opercule) ou selon des mécanismes bien précis parfois très complexes (SERUSIAUX et al., 2004 ; HALUWYN et al., 2009).

Dans le cas de périthèces, les spores s'échapperont à travers une ouverture apicale (l'ostiole) (JAHNS, 2007).

Une fois projetées sur le substrat, les spores germent en émettant un filament mycélien. Jusque là, la ressemblance est grande avec ce qui se passe chez les champignons ascomycètes non lichénisés comme les pézizes (HALUWYN et al., 2009).

Les hyphes qui se sont développés à partir de ces spores doivent rencontrer à nouveau des cellules d'algues adéquates pour reformer un nouveau thalle lichénique (LÜTTGE, et al., 2002), sans cela les hyphes dégénèrent rapidement et meurent (DES ABBAYES, 2010).

Au contact de ces algues, comme dans le cas des *Xanthoria*, les filaments mycéliens vont rapidement se ramifier : peu à peu se construit et se différencie un jeune thalle qui deviendra un thalle adulte. L'établissement de la symbiose s'effectue donc progressivement (HAUWYN et al., 2009).

1.9.1.2. Chez les Basidiomycètes

Les basidiomycètes lichénisés, dont *Lichenomphalia* est le genre le plus commun, sont rares, moins de vingt espèces toutes tropicales et poussant surtout en montagne et sur les sols nus (JAHNS, 2007 ; DES ABBAYES, 2010).

Dans ce cas, les organes reproducteurs (basidiomes) sont des petits champignons à lames (des petits carpophores) tout à fait semblables à ceux qui ne sont pas lichénisés (JAHNS, 2007 ; DES ABBAYES, 2010). La reproduction se fait donc dans des basides et les spores sont produites à l'extrémité de petits appendices (les stérigmates) desquelles elles se détachent pour être dispersées (SERUSIAUX et al., 2004).

Puisque les fructifications du champignon restent stériles ou ne sont formées que rarement et puisque les spores doivent rencontrer, au moment de leur germination, l'algue qui leur est spécifiquement associé, la reproduction sexuée n'est pas le moyen le plus efficace pour les lichens (JAHNS, 2007).

Pour cela, diverses méthodes de multiplication végétative des thalles permettant la dispersion simultanée des deux symbiotes réunis semblent avoir plus d'importance que cette reproduction peu adaptée (JAHNS, 2007 ; DES ABBAYES, 2010).

1.9.2. Reproduction végétative

Les lichens se reproduisent surtout par voie végétative, principalement par dissémination de fragments de thalle (LÜTTGE, et al., 2002) à la suite notamment de contraintes mécaniques (arrachement par le vent, piétinement par des animaux, etc.). De nombreuses espèces terricoles se dispersent incontestablement de cette façon (SERUSIAUX et al., 2004).

La fragmentation des thalles joue certainement un grand rôle dans la multiplication végétative (DES ABBAYES, 2010). En effet, à l'état sec, de nombreux lichens deviennent très cassants, le vent réussit à détacher des fragments de thalle renfermant chacun les deux partenaires qui, emportés au loin, reforment un nouveau lichen (JAHNS, 2007 ; KOFLER, 1954).

Il existe également des structures adaptées à la reproduction non sexuée, les isidies et les sorédies (LÜTTGE, et al., 2002 ; JAHNS, 2007 ; DES ABBAYES, 2010) chez beaucoup d'espèces et c'est, pour certaines d'entre elles, le seul mécanisme de reproduction connu (SERUSIAUX et al., 2004).

La fragmentation du thalle et la dissémination de ces boutures naturelles (les sorédies et les isidies) permettent la constitution de nouveaux thalles par voie végétative (HAUWYN et al., 2009). Cependant, il existe encore d'autres mécanismes plus rares de dispersion végétative » (JAHNS, 2007).

Des conidies (ou pycnospores) sont produites par le mycobionte, dans des pycnides à l'extrémité d'hyphes appelées conidiophores ayant des formes et des dimensions variables, sans faire intervenir de processus sexuel évident. Ces conidies dispersées seules, sans photobionte, doivent obligatoirement retrouver leur partenaire algal pour reconstituer un thalle lichénisé (SERUSIAUX et al., 2004).

1.10. Vitesse de croissance et longévité

Les lichens poussent assez lentement et ont une longue durée de vie (JAHNS, 2007 ; DES ABBAYES, 2010).

Pour la vitesse, les crustacés ont une croissance de 2 à 3 millimètres par an et les autres types (foliacés et fructiculeux), moins fortement fixés au substrat, ont une croissance plus rapide, entre 3 et 4 centimètres par an (BIODEUG, 2007) ; (JAHNS, 2007).

Et en ce qui concerne la longévité, les thalles fructiculeux et composites atteignent au minimum 10 ans d'âge et les thalles crustacés, tel le *Rhizocarpon*, peuvent même atteindre ou dépasser le siècle (JAHNS, 2007).

1.11. Mécanisme d'adaptations des lichens

Répandus sur toute la Terre (DES ABBAYES, 2010) et colonisant presque tous les milieux, depuis les rochers maritimes jusqu'au sommet des montagnes (HALUWYN et al., 2009), les lichens colonisent tous les substrats possibles : terre, mousses, écorces et feuilles coriaces des arbres, bois, vieux murs, pierres ou roches dénudées, et même quelquefois des substances artificielles comme le cuir, le verre, le fer, etc. (BOISTEL, 1986). D'autres milieux sont conquis par les lichens tels les zones désertiques, la zone de battement des marées en bord de mer, et même sous l'eau (JAHNS, 2007), seuls la haute mer, les zones fortement polluées (HALUWYN et al., 2009), les terrains mobiles et la neige ne conviennent pas à leur installation (KOFLER, 1954).

C'est la dessiccation facile, suspendant les fonctions vitales, et la faculté de réviviscence qui permet à ces organismes de résister aux conditions difficiles (KOFLER, 1954).

Les lichens sont en effet des organismes poïkilohydriques qui adaptent leur teneur en eau en fonction du milieu, ils peuvent passer rapidement de l'état de vie active à l'état de vie ralentie et vice versa et présentent des variations considérables de l'intensité de leurs fonctions métaboliques suivant le degré d'hydratation (HALUWYN et al., 2009).

1.12. Nutrition et biochimie

L'absorption de l'eau se fait par toute la surface du thalle ; elle est rapide dans le cas d'eau mouillante, mais elle s'exerce également à partir de l'humidité de l'air (DES ABBAYES, 2010).

La nutrition minérale, elle se fait à partir des poussières, du substrat et des sels dissous apportés par l'eau (DES ABBAYES, 2010).

Quant à la nutrition carbonée du thalle, elle est assurée par la photosynthèse de l'algue-gonidie (DES ABBAYES, 2010).

Pour la nutrition azotée, elle se fait soit à partir des poussières, contenant toujours quelques substances azotées, qui se déposent sur le thalle, soit à partir du substrat (produits de dégradation et excréments d'oiseaux riches en acide urique qui, grâce à des enzymes sécrétées par le thalle, passent sous une forme assimilable) ou à partir de l'atmosphère pour les espèces à gonidies *Nostoc* ou possédant des céphalodies grâce aux algues bleues (les *Nostoc*) qui ont la propriété de fixer l'azote atmosphérique et le transformer en forme organique assimilable tels les nitrates (DES ABBAYES, 2010 ; JAHNS, 2007).

1.12.1. Substances apportées par le photosymbiote

Le photosymbiote (l'algue), qui possède des pigments permettant de réaliser la photosynthèse, est autotrophe pour le carbone. Les produits photosynthétiques sont transmis au champignon (HALUWYN et al., 2009).

Les algues vertes fabriquent de nombreuses substances (figure 14) nécessaires aux champignons, notamment de la vitamine B et des «polyols» (HALUWYN et al., 2009).

Chez les Cyanobactéries, le carbone fixé est cédé au champignon sous forme de glucose. Polyols et glucose sont ensuite transformés par le champignon en mannitol et arabitol. Les Cyanobactéries sont aussi capables de fixer l'azote atmosphérique, cédé au champignon sous forme d'ammonium (HAUWYN et al., 2009).

1.12.2. Substances apportées par le mycosymbiote

Le champignon, hétérotrophe, a un rôle de fixation sur le substrat grâce aux rhizines, et un rôle de protection. Il fournit au photosymbiote l'eau et les sels minéraux, des vitamines comme la vitamine C (HAUWYN et al., 2009).

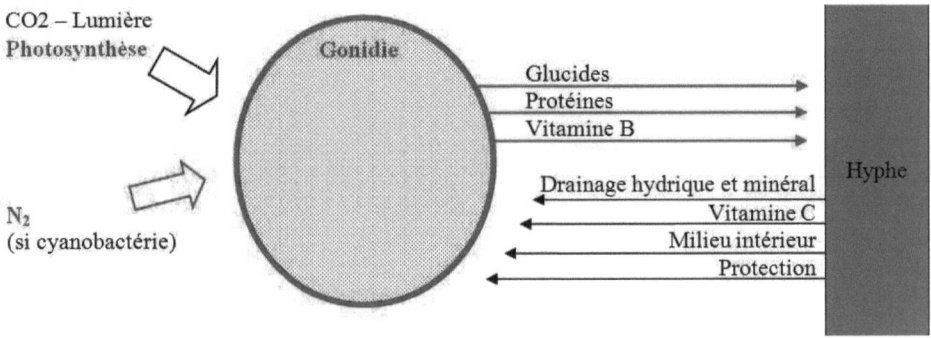

Figure 14 : Bénéfice réciproque algue-champignon (ROLAND, 2004).

1.12.3. Substances formées par l'association lichénique

Plus de 700 «substances lichéniques» (ou «acides lichéniques») ont été découvertes, qui appartiennent à différentes familles chimiques et sont synthétisées par le champignon, mais exclusivement en présence de l'algue (HALUWYN et al., 2009).

Le lichen tire profit des propriétés de ces substances : rôle dans la fixation sur le substrat, maintien de l'équilibre hydrique, régulation de l'activité photosynthétique de l'algue, protection et conversion des radiations lumineuses, protection contre les métaux lourds, propriétés antibiotiques et antiherbivores (HALUWYN et al., 2009).

L'étude des substances lichéniques donnant les réactions colorées devient de plus en plus importante (COSTE, 1989) car elles jouent un rôle important dans la systématique des lichens et revêtent une grande signification dans la détermination des espèces (JAHNS, 2007).

2. Matériel et méthodes

Dans ce chapitre, la zone d'étude est présentée, puis le matériel employé pour inventorier, prélever et déterminer les lichens est cité. Les méthodes utilisées en lichénologie pour l'identification des espèces et leur étude phytosociologique sont également décrites.

2.1. Présentation de la zone d'étude

2.1.1. Introduction

Après la découverte du monde des lichens, il est temps maintenant de présenter la zone d'étude.

Le Parc National de Theniet-el-Had est situé sur le versant sud de l'Atlas tellien (Figure 15) dans le prolongement du massif de l'Ouarsenis (LOUKKAS, 2006).

Figure 15 : Localisation du Parc National des Cèdres (Encyclopédie Hachette Multimédia, 2009).

Il s'agit d'un écosystème montagneux situé dans la partie nord de la wilaya de Tissemsilt. Il s'étend sur deux communes : Theniet-el-Had et Sidi Boutouchent.

Le Parc National de Theniet-el-Had renferme l'unique cédraie occidentale qui constitue une barrière sud du domaine méditerranéen (INRAA, 2006). Il était le Premier Parc National français et est devenu le Premier Parc National de l'Algérie indépendante. Il portait également le nom de «Paradis des Cèdres» (BERTHONNET, 2010).

2.1.2. Historique

Le plus ancien en Algérie, Le Parc National des Cèdres a été créé le 03 août de l'année 1923 (BERTHONNET, 2010).

Après l'indépendance, L'Algérie décida la sauvegarde de la cédraie et la reproclama Parc National le 23 juillet 1983 par décret N° 83-459 (LOUKKAS, 2006) signé par le président Chadli BENDJEDID et paru dans le journal officiel N° 31 du 26-07-1983, Page 1330 (MADR-DAJR, 2011).

A sa création en 23 juillet 1983, le Parc National des Cèdres a eu une superficie de 1500 ha (BERTHONNET, 2010). Actuellement, se superficie est 3423.7 ha dont 2968 ha sont recouvert de végétation (LOUKKAS, 2006).

2.1.3. Situation géographique

Le Parc National des Cèdres se trouve à une cinquantaine de kilomètres du chef-lieu de la wilaya de Tissemsilt et à 147 Km d'e la capitale Alger. Pour y arriver en allant d'Alger, il faut passer par Blida pour arriver à Khemis Miliana puis emprunter la route nationale N°14 qui mène directement à la ville de Theniet-el-Had. A trois kilomètre à l'ouest de cette ville, se trouve le Parc National des Cèdres.

Les coordonnées géographiques du Parc National de Theniet-el-Had sur Google earth sont :

E 1°54'40"   - E 2°00'40",

N 35°53'42" - N 35°48'54".

2.1.4. Caractères généraux du site

La répartition et l'abondance des lichens dépendent non seulement des facteurs climatiques, mais aussi des facteurs liés au substratum.

2.1.4.1. Caractéristiques climatiques

Selon HALUWYN (2009), l'atmosphère constitue un ensemble de facteurs écologiques très important pour les lichens car elle leur offre une partie de l'eau, du dioxyde de carbone et des sels minéraux.

2.1.4.1.1. Précipitations

L'eau est le premier facteur déterminant de la répartition des lichens (SERUSIAUX et al., 2004) notamment parce que le degré d'hydratation du thalle conditionne leurs fonctions vitales (HALUWYN et al., 2009).

BERTHONNET (2010) rapporte que le paysage du Parc National de Theniet-el-Had a des apparences de Suisse ou de Savoie. Cette expression donne une idée sur le climat du Parc.

Au Parc National des Cèdres, la quantité de pluie, irrégulière durant l'année, s'élève en moyenne à 792 mm (LOUKKAS, 2006). En effet, les corrections faites sur les données de SETZLER (1946), montrent que cette quantité varie entre 733 mm et 984 mm et ce en fonction de l'altitude.

Pour caractériser le climat de la zone d'étude, des diagrames ombrothermiqeus du Parc National de Theniet-el-Had sont réalisés en se basant sur les données de SELTZER (1946) et en faisant les corrections nécessaires.

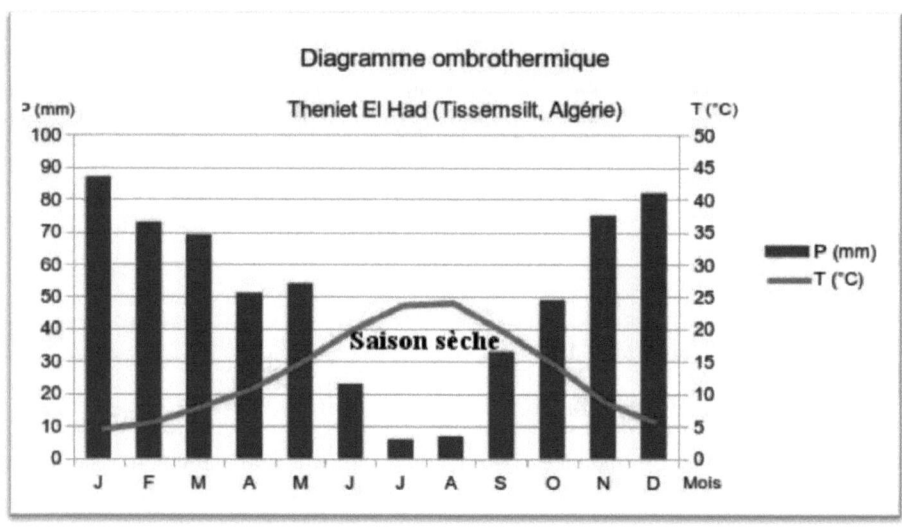

Figure 16 : Diagramme ombrothermique de la zone d'étude, d'après SELTZER (1946).

Selon, le diagramme ombrothermique de BAGNOULS et GAUSSEN (figure 16), la saison sèche s'étale du mois de juin jusqu'au septembre et dure quatre mois. Heureusement, une station météorologique est mise en service dans le parc cette année (El-Watan, N° 6208 du 24/07.2011) ce qui permettra d'avoir une information exacte sur le climat du parc.

D'une façon générale, le Parc National de Theniet-el-Had se situe dans l'étage bioclimatique subhumide ou humide à hiver froid à frais (Figure 17) en fonction de l'Altitude et les variations climatiques d'une année à une autre.

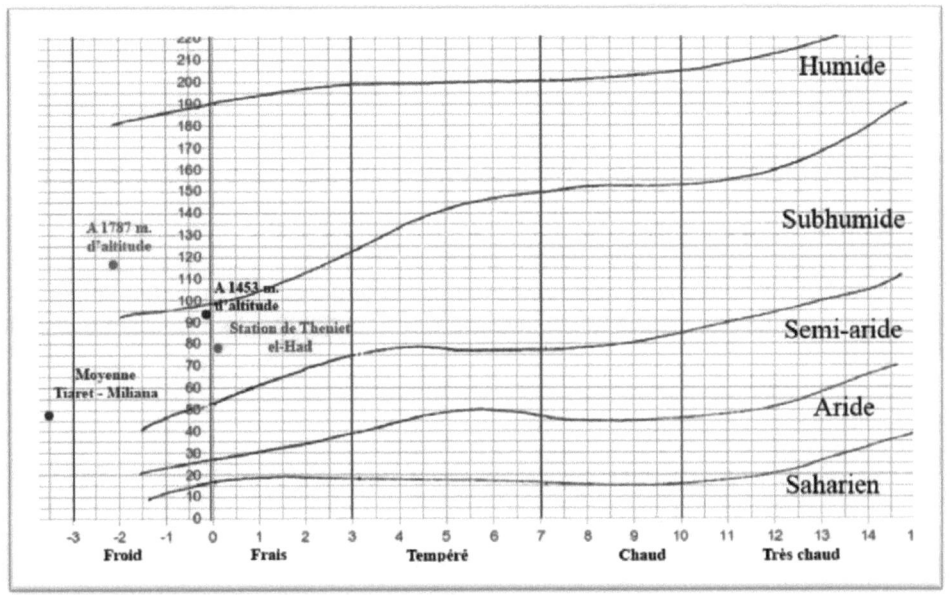

Figure 17 : Quotient pluviothermique de la zone d'étude.

La valeur du quotient pluviothermique (Q_2) est obtenue par la formule $Q_2 = 3.43P/(M - m)$, dont "P" est la précipitation annuelle, "M" la moyenne des températures maximales du mois le plus chaud et "m" celle des températures minimales du mois le plus froid (STEWART, 1969 *in* HOUEROU et al., 1977).

2.1.4.1.2. Humidité

D'après SERUSIAUX et al. (2004), si les lichens gélatineux semblent exiger de l'eau sous forme liquide, les autres types (lichénisés avec des algues vertes) dépendent de la disponibilité en eau pulvérisée sous forme d'aérosol (brouillards).

Le pouvoir rétenteur est faible et les thalles perdent leur eau par temps sec. Un état optimal d'humidité du thalle est nécessaire pour que s'accomplissent les fonctions vitales : sec, il passe à l'état de vie ralentie ; il reprend ensuite son activité quand l'humidité redevient suffisante. Cette faculté de reviviscence est une caractéristique essentielle de la biologie des lichens (DES ABBAYES, 2010).

D'une façon générale, ce sont les pays à climat humide (climats de type océanique, étage montagnard des pays tempérés, montagnes tropicales) qui leur sont les plus favorables (DES ABBAYES, 2010).

La grande richesse en espèces lichéniques des certaines forêts est liées à une importante humidité atmosphérique (ERTZ et al., 2006).

Pour la zone d'étude, l'humidité relative est faible au milieu de la journée alors qu'elle diminue très légèrement pendant le soir par rapport à la matinée (SELTZER, 1946).

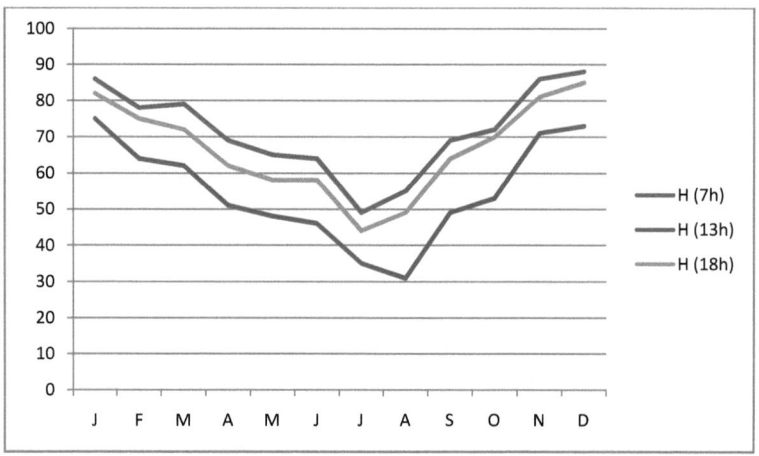

Figure 18 : Changement de l'humidité relative durant la journée.

2.1.4.1.3. Ensoleillement

Après l'humidité, l'éclairement est le deuxième facteur essentiel car beaucoup d'espèces lichéniques nécessitent un éclairement important (SERUSIAUX et al., 2004).

Bien que leurs préférences des lichens soient surtout liées à l'humidité des stations, les lichens sont classés selon leurs exigences en lumière en lichens photophiles (qui préfèrent les situations éclairées), en lichens héliophiles (supportant le plein ensoleillement) et en lichens sciaphiles qui cherchent les habitats ombragés (HALUWYN et al., 2009).

Au Parc National de Theniet-el-Had, le versant sud est, à l'inverse du versant nord, très ensoleillé. L'existence de différents milieux en fonction de la luminosité (forêts fermées, clairières, terrains accidentés, ...), offre des conditions favorables aux différents types d'espèces ce qui fait la particularité du Parc en matière de biodiversité lichénique.

2.1.4.1.4. Température

Les lichens sont très résistants aux températures extrêmes (très basses ou très élevées) quand ils sont à l'état sec (HALUWYN et al., 2009), mais à l'état hydraté, dans lequel toutes les fonctions vitales sont stimulées, ils sont plus fragiles (JAHNS, 2007).

Cette résistance aux basses températures leur permet de se développer en haute montagnes et dans les régions nordiques (OZENDA, 2000 *in* BENDAIKHA, 2006).

C'est l'état sec qui permet à la plupart des lichens de supporter généralement des températures variant de -20° C à + 70° C. Certaines espèces peuvent même résister à un froid pouvant atteindre -196° C (température de l'azote liquide) et à d'autres une température proche de 100° C (JAHNS, 2007).

La température intervient de façon indirecte en compensation ou aggravation du facteur hydrique (BRICAUD, 2006) et les variations de températures sur le long terme conditionnent la répartition de certaines espèces (HALUWYN et al., 2009).

Au sein du Parc, la température maximale est enregistrée en juillet et août tandis que la température minimale est enregistrée en mois de janvier et février. Notant qu'au Parc, le versant nord et le plus froid (LOUKKAS, 2006).

2.1.4.1.5. Neige

La neige ne semble pas poser des problèmes aux lichens épiphytes. Et comme il s'agit d'un écosystème montagneux à haute altitude, les chutes de neige sont fréquentes dans la zone d'étude.

En effet, SELTZER (1946) a enregistré dans la station de Theniet-el-Had un nombre moyen de jours d'enneigement égal à 22 jours.

2.1.4.1.6. Vent

Le vent a une action directe, mécanique, permettant la dissémination des spores et de fragments de thalles (reproduction), et une action indirecte, physiologique, augmentant la vitesse de déshydratation (HALUWYN et al., 2009) par l'accélération de l'évaporation (OZENDA et al., 1970 *in* BENDAIKHA, 2006).

La valeur maximale de force du vent a lieu pendant la saison hivernale dont les vents dominants sont ceux du Nord et du Nord-Ouest (LOUKKAS, 2006). Alors que le siroco, vent chaud et excessivement sec, souffle de l'Est pendant la période estivale.

2.1.4.2. Qualité de l'air

La pollution de l'air est un autre facteur écologique qui détermine la présence ou l'absence des espèces de lichens (SERUSIAUX et al., 2004). Elle cause la disparition de certaines espèces (notamment dans les villes et les zones industrielles), la stabilisation ou la prolifération de certaines d'autres.

L'air pur est dans tous les cas indispensable aux lichens (DES ABBAYES, 2010) et une altération, même très faible, de la qualité des brouillards ou des eaux de pluie, peut occasionner à la flore lichénique des dégâts plus importants sans commune mesure avec les impacts exercés sur les plantes supérieures (SERUSIAUX et al., 2004).

Le Parc National de Theniet-el-Had se trouvant à 3 km à l'ouest de la ville et de la route nationale N°14 et près de quelques villages ne semble pas menacé par la pollution atmosphérique. Toutefois, une partie de polluants provenant du chauffage domestique et du trafic routier peut arriver au Parc surtout l'hiver où les lichens sont très actifs et absorbent tout ce qui dans l'air.

2.1.4.3. Topologie

Le relief est caractérisé par la présence de deux principaux versants : un versant nord très abrupt avec des pentes fortes et un versant sud où le relief est moins accidenté. LOUKKAS (2006) ajoute un troisième versant, celui de l'ouest.

La crête principale culmine à 1787 m au lieu-dit "Ras-el-Braret", elle présente la ligne de partage des cantons. L'altitude du point le moins élevé du parc national est de 862 m et environ 56% de la superficie totale est d'une pente comprise entre 2° et 50°. Dans le parc, il y a des surfaces boisées, des clairières et des formations rocheuses.

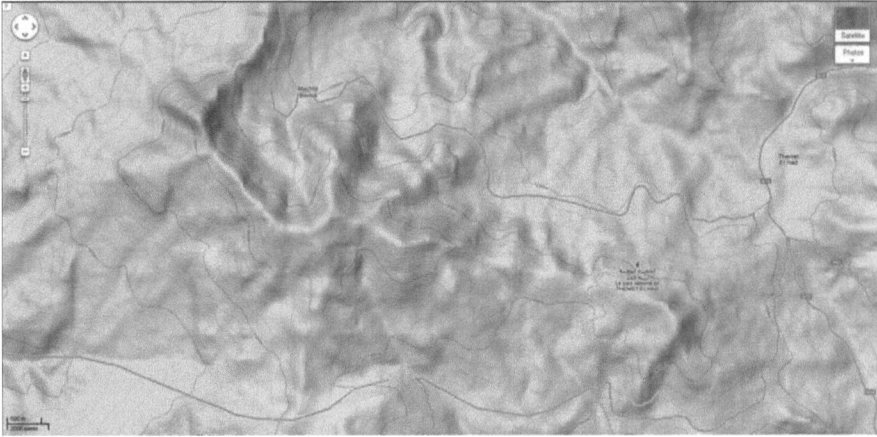

Figure 19 : Végétation et Relief du Parc National de Theniet-el-Had (Google earth, 2010).

2.1.4.4. Caractéristiques biologiques

HALUWYN et al. (2009) précisent qu'il existe une concurrence vitale entre lichens eux-mêmes et entre lichens et végétaux (mousses et plantes vasculaires) qui, en modifiant les conditions du milieu, entraîne la création de microclimats et de microstations.

Les vieux peuplements inéquiennes (composés d'arbres ayant des âges différents), caractérisés par une structure verticale irrégulière, la présence de vieux arbres, de débris ligneux au sol et de petites ouvertures causées par la mortalité de certains individus, renferment généralement une plus grande diversité d'habitats pour les lichens épiphytes que les peuplements équiennes (composés d'arbres du même âge) naturels, aménagés ou les plantations (BOUDREAULT, 2001).

Ces vieux peuplements sont souvent caractérisés par une forte abondance de lichens fructiculeux des genres *Bryoria*, *Usnea*, *Evernia* et *Alectoria* qui pendent aux branches ou aux troncs des conifères (Esseen et *al.*, 1997 *in* (BOUDREAULT, 2001)).

Certaines associations nécessitent à la fois une longue continuité forestière et un microclimat tamponné et très stable, alors que d'autres groupements sont liés à des microclimats humides et très instables, et se trouveront dans des boisements plus jeunes (BRICAUD, 2006).

L'ambiance forestière intervient non seulement à l'intérieur des boisements denses, mais également dans les secteurs d'interfaces plus éclairés (clairières et bordure des massifs boisés) qui bénéficient d'une humidité supérieure et de formations de brouillards plus denses que dans les milieux ouverts extérieurs au massif forestier (BRICAUD, 2006).

La biodiversité lichénique ne diminue guère lors de la fermeture du milieu, notamment dans les stations peu éclairées (fonds de vallons boisés ou encaissés, gorges) qui constituent souvent des biotopes d'un intérêt majeur du point de vue de ce type de flore. L'apparition et l'abondance des lichens sciaphiles dans ces milieux est tout à fait logique, au vu de leur caractère fermé et peu éclairé (BRICAUD, 2006).

Le Parc National de Theniet-el-Had est l'une des 14 ZIP (Zone Importante pour les Plantes) et est réputé pour sa richesse floristique (BENHOUHOU et al., 2011).

2.1.4.5. Caractéristiques substratiques

Le substrat conditionne l'économie de l'eau et l'installation du thalle par des facteurs chimiques (pH et teneur en poussières minérales ou en substances organiques) et par des facteurs mécaniques et physiques (structure histologique et porosité de l'écorce) (HALUWYN et al., 2009).

De plus, l'âge de l'arbre et sa taille, de même que l'exposition influencent la composition des communautés épiphytes (SLACK, 1976 *in* BOUDREAULT, 2001).

2.1.4.5.1. Acidité et porosité de l'écorce

Pour le pH de l'écorce, on peut distinguer des écorces nettement acides (en général celles des essences résineuses comme les divers *Pinus*), des écorces modérément acides (comme celles de *Quercus*) et des écorces peu ou pas acides (comme celles de *Juglans* ou *Populus*). Les bois nus plus ou moins pourrissants sont souvent nettement plus acides que les écorces des mêmes arbres et présenteront donc en général une flore assez différente. La flore lichénique corticole acidiphile est surtout bien développée à partir de l'étage montagnard et, à basse altitude, la végétation présente sur les rhytidomes des essences résineuses est souvent nettement moins riche en espèces que celles rencontrée dans les mêmes lieux sur des essences feuillues (BRICAUD, 2006).

En ce qui concerne la rétention en eau du substrat qui influe grandement sur la composition des groupements lichéniques, on peut aisément distinguer les essences à écorces âgées lisses et à faible rétention d'eau (*Corylus*, *Fagus*, *Populus*, …), des essences à écorces âgées altérées et spongieuses (*Quercus*). Sur une écorce très lisse (et donc à faible rétention en eau), les espèces exigeantes en humidité auront souvent du mal à s'installer, notamment dans les régions sèches, alors qu'il sera possible de trouver ces espèces sur les arbres à écorces altérées voisines (BRICAUD, 2006).

De façon générale, la question de la spontanéité ou du caractère "climacique" du phorophyte est un peu secondaire face à ces constatations, mais il est souvent constaté que les essences introduites suite à des reboisements montrent des groupements lichéniques nettement pauvres que les essences locales (BRICAUD, 2006).

2.1.4.5.2. Phorophyte

Les lichens épiphytes montrent une certaine spécificité d'hôte, c'est-à-dire qu'ils croissent préférablement sur certaines essences (SLACK, 1976 *in* BOUDREAULT, 2001).

Généralement, les espèces abondantes sur les conifères sont rares sur les feuillus et vice versa, et ce principalement en raison des différences dans l'acidité de l'écorce ; le degré d'acidité des feuillus étant moindre que celui des conifères. La texture de l'écorce influence aussi la colonisation des espèces. Des écorces lisses, rugueuses ou qui s'exfolient n'offrent pas les mêmes conditions de colonisation et de croissance aux diverses espèces (BOUDREAULT, 2001).

La présence de feuillus dans les forêts coniférienne aurait pour effet de hausser la richesse en lichens épiphytes d'un site (KUUSINEN, 1994 ; DETKKI & ESSEEN, 1998 *in* BOUDREAULT, 2001).

Dans la zone d'étude, la strate arborescente, qui nous intéresse dans le présent travail est constituée surtout par : *Cedrus atlantica, Quercus ilex, Quercus faginea* et *Quercus suber*.

2.1.4.5.3. Age des arbres

L'âge des arbres est un facteur important qui influence les communautés de lichens épiphytes. En effet, la richesse spécifique, le développement et l'expansion des lichens croissant sur un arbre augmentent avec l'âge de ce dernier (BOUDREAULT, 2001).

Les vieilles forêts renferment généralement une biomasse plus importante de lichens épiphytes que les forêts plus jeunes (BOUDREAULT, 2001).

Plusieurs études ont montré que les communautés de lichens épiphytes changent le long d'un gradient successionnel et que les différents stades forestiers sont susceptibles de contenir des espèces particulières.

Ainsi, certains lichens sont associés aux vieilles forêts, car ils ont besoin d'une longue période de temps pour atteindre leur taille maximale, pour se reproduire ou pour coloniser un milieu.

De plus, ils sont dépendants de conditions microclimatiques spécifiques aux vieilles forêts et ne peuvent s'adapter aux changements environnementaux résultant de la croissance des arbres, ce qui explique qu'ils s'établissent seulement lorsque les conditions se sont stabilisées (BOUDREAULT, 2001).

2.1.4.5.4. Exposition sur le tronc

Généralement le côté de l'arbre le plus riche en lichens est celui qui reçoit plus d'humidité. Si l'exposition nord est la plus riche, ceci est dû à une différence d'un point de vue de conditions climatiques (humidité, vent, …).

2.1.4.5.5. Caractéristiques anthropiques

Selon HALUWYN et al. (2009), L'action des animaux et de l'homme se manifeste surtout mécaniquement (piétinement, fragmentation des thalles) et chimiquement (enrichissement du milieu en ammoniaque, nitrates, etc.).

L'homme a surtout un rôle destructeur non négligeable en asséchant et en polluant l'atmosphère, mais aussi en supprimant des stations favorables à l'installation des lichens (HALUWYN et al., 2009).

2.1.4.5.6. Incendie

L'incendie est un facteur essentiel d'appauvrissement ou de disparition des groupements lichéniques. En effet, très rares sont les lichens pyrophiles qui échappent au feu. De plus, l'ouverture du milieu (et donc l'augmentation de l'intensité lumineuse, etc.) réalisée par l'incendie est également une cause de disparition des espèces sciaphiles ou hygrophiles non touchées par les flammes (BRICAUD, 2006).

La recolonisation après l'incendie est très variable et privilégie dans un premier temps les espèces pionnières, héliophiles et non hygrophiles, qui s'adaptent bien à des conditions microclimatiques très contrastées (BRICAUD, 2006).

D'après (ZEDEK, 1993), il y a eu des incendies dans le Parc National des Cèdres de 1891 à 1959, surtout dans les années 1902, 1903 et 1905. Bien que les chênaies (*Quercus ilex, Quercus suber, Quercus faginea*) se sont reconstituées par le rejet de souche, mais cela a un autre effet sur la répartition des lichens épiphytes, car il y a des espèces qui exigent des conditions stables liées aux vieux peuplements.

2.1.4.5.7. Coupes forestières

Les coupes forestières ont un effet direct sur les organismes épiphytes, en éliminant leur habitat et en fragmentant leur territoire ce qui limite leur dispersion, et un effet indirect en altérant les conditions microclimatiques : augmentation soudaine de l'intensité lumineuse, fragmentation par le vent des thalles attachés aux arbres situés à la marge des parcelles, etc. (BOUDREAULT, 2001).

2.1.4.5.8. Démasclage

D'après BRICAUD (2006), le démasclage du chêne liège est un frein au développement sur une longue durée des groupements lichéniques corticoles, ainsi qu'à la succession de différentes associations par maturation, ce qui est le cas pour le chêne liège au niveau du Parc National des Cèdres.

2.1.4.5.9. Travaux forestiers

Selon BRICAUD (2006), l'analyse de l'écologie des espèces jugées patrimoniales montre toutefois qu'un nombre important de celles-ci sont liées à des milieux boisés, et souvent fermés (taillis âgés, fond de vallons boisés).

En conséquence, il apparaît nécessaire de proscrire toute exploitation forestière, coupe, récolte ou élagage intempestif à l'intérieur des stations qui les abritent.

Les vieux arbres souvent difformes et tortueux sont également un milieu d'élection pour certaines espèces rares, et ils doivent être préservés, de même que les bois morts sur pied ou tombés au sol (BRICAUD, 2006).

En ce qui concerne une éventuelle exploitation forestière ou réouverture intempestive de ces milieux (comme le débroussaillement DFCI), il apparaît certain que ces travaux pourraient être très préjudiciables aux espèces patrimoniales présentes dans ce type de milieu, soit par disparition de leur substrat (espèces corticoles), soit par l'assèchement de l'atmosphère et modification du climat local qui résulte de tous travaux forestiers (BRICAUD, 2006).

2.1.4.5.10. Pratiques agropastorales

Certaines pratiques agropastorales, plus particulièrement le brûlis, détruisent totalement ou en grande partie les lichens des milieux qui y sont soumises. C'est le cas des lichens corticoles qui disparaissent à peu près totalement des troncs d'arbres des milieux forestiers dont le sous-bois est soumis à des brûlis même modérés et espacés dans le temps (ROUX, et al., 2008).

Le feu détruit en effet immédiatement les lichens corticoles et terricoles ainsi que les macrolichens saxicoles, tandis que les microlichens saxicoles sont un peu plus

Chapitre 2 : Matériel et méthodes

résistants. Par ailleurs il favorise l'établissement d'une végétation arbustive très dense (notamment à *Cytisus purgans*) d'où les lichens sont exclus (ROUX, et al., 2008).

2.1.4.5.11. Fréquentation du public

Au Parc National de Théniet, le niveau de fréquentation du site semble encore très faible, et ne semble pas présenter de risques directs pour les groupements lichéniques épiphytes.

Les activités touristiques ont fortement augmenté au cours des dernières années et vont augmenter puisque le parc va relancer l'écotourisme.

2.2. Matériel

Pour cette étude, le matériel suivant a été utilisé :

➢ **Pour la collecte**

− Des clés de détermination,

− Une loupe simple (X10 ou plus) pouvant se fermer pour être mise dans la poche,

− Des réactifs chimiques (chlore et potasse, l'utilisation de la paraphénylènediamine étant réservée au labo),

− Du papier absorbant ou du papier journal,

− Un flacon pulvérisateur d'eau pour les lichens gélatineux,

− Un couteau solide pour prélever les lichens foliacés et fructiculeux,

− Une massette de 1,5 kg environ et d'un burin bien affûté pour les lichens crustacés saxicoles,

− Un ciseau à bois (3.5 − 5 cm) pour les troncs et branches ; sécateur ou petite scie pour les branchettes,

− Un appareil de photo numérique,

− Fiches de station, d'arbre et de relevé (voir annexes 1, 2 et 3).

➢ **Pour la conservation**

− Des enveloppes en papier pour assurer le transport du matériel,

− Des boîtes et des sachets en plastique pour rassembler les enveloppes contenant les échantillons d'un même relevé.

➢ Pour la détermination au laboratoire

- Une loupe binoculaire avec grossissement x6 à x60,
- Du papier filtre ou du papier absorbant,
- Les réactifs chimiques usuels en lichénologie,
- Des flacons en verre fumé,
- Des cure-dents,
- Des lames porte-objets et lamelles couvre-objets pour les coupes,
- Lames de rasoir,
- Microscope x600 et x1000, objectif à immersion.

➢ Pour l'échantillonnage

- Fiches de relevé (voir annexe 2),
- Des cartes au 25 000e,
- Un GPS,
- Un altimètre,
- Une boussole,
- Une grille de relevé (50 cm X 20 cm) en fil électrique.

2.3. Méthode

2.3.1. Échantillonnage

Une grille de relevé 50 cm X 20 cm, correspondant à une surface égale ou plus grande que l'aire minimale des groupements lichéniques à grands thalles foliacés adoptée par ROUX (1990), divisée par 5 compartiments de 10 cm X 10cm, est réalisée avec un fil électrique (elle peut être faite en carton). Les écorces des phorophytes du Parc National de Theniet-el-Had ayant des fissures, la grille est facilement suspendue sur le tronc à l'aide d'un crochet fixé au milieu du fil supérieur du relevé.

Le parc est prospecté sur terrain et virtuellement en utilisant le logiciel "Google earth" pour repérer les différentes stations susceptibles de contenir une grande biodiversité lichénique épiphyte.

Pour la saisie des données sur le terrain, trois fiches sont réalisées et imprimées en utilisant une encre permanente (imprimante laser) :

Une fiche de station (voir annexe 1) est réalisée portant les informations suivants : la commune, le lieu-dit, le nom du canton, le versant, l'altitude, les coordonnées géographiques, l'habitat précis, aspect général du site (boisé, roche isolé, proximité d'une ferme, d'une agglomération, ...), le milieu (forêt, bord de route, par, etc.) et les formations phanérogamiques environnantes car elles renseignent souvent sur les particularités écologiques de la station.

Une fiche d'arbre (voir annexe 2) pour enregistrer les données suivantes : le numéro de station, le numéro de l'arbre, le phorophyte (espèce à laquelle appartient l'arbre à échantillonner), l'état de l'arbre (présence de cicatrice, d'un dépérissement terminal ou de pourriture à la base), la situation de l'arbre (isolé ou non, en place ou abattu au sol, ...), le diamètre de l'arbre (circonférence) et l'état de la partie de l'arbre où a été effectuée la récolte (vivante ou morte, lisse ou rugueuse, ...).

Et une fiche de relevé (voir annexe 3) permettant d'enregistrer le numéro du relevé, les numéros des photos prises et la présence ou l'absence de chaque espèce ainsi que le pourcentage de son recouvrement.

Pour uniformiser l'échantillonnage, seuls les phorophytes les plus répandus sont pris en compte, les seuls arbres ayant un diamètre supérieur à 40 cm ont été examinés et la grille de relevé est placée à une hauteur comprise entre 80 cm et 2 m (pour éviter un éventuel enrichissement de la base par les excréments des chiens ou une différence du degré d'ombrage à cause des branches pendantes).

Le diamètre de l'arbre (circonférence) est mesuré, à la hauteur de la poitrine, à l'aide d'un mètre ruban (d'un décamètre ou d'un ruban forestier pour les vieux arbres à grand tronc). Puis, les coordonnées géographiques et l'altitude sont déterminées au moyen d'un GPS portatif et d'un altimètre. Ensuite, la fiche d'arbre susmentionnée, est fixée à une planchette à pince et remplie.

Puis, la grille de relevé est fixée sur le tronc, des photos sont prises et leurs numéros sur l'appareil de photo numérique sont portés sur la fiche de relevé. Ensuite, des échantillons des lichens présents sont prélevés de même que les autres cryptogames notamment les champignons lichénicoles non lichénisés et les bryophytes (méthode de prélèvement partiel de Claude ROUX,) pour être déterminés au laboratoire.

Enfin, les données sur la présence ou l'absence d'espèces de lichens sont recueillies et le pourcentage de recouvrement de chaque espèce lichénique est estimé.

2.3.2. Prélèvement

Les lichens fructiculeux sont récoltés avec un couteau, les lichens crustacés et foliacés adhérant fortement à leur substrat le sont à l'aide du marteau et burin. Pour les lichens en rosette, qu'il est impossible à les récolter en entier, des fragments périphériques et centraux de leur thalle sont prélevés et la taille de la rosette est notée.

Lors de la récole, les arbres, de même que la zone marginale des lichens crustacés et foliacés, la face inférieure des foliacés (rhizines) et la base des fructiculeux sont traités soigneusement afin de ne pas être endommagés.

2.3.3. Conservation

- **Pour le transport**

Chaque spécimen est enveloppé dans un morceau de papier absorbant (qui peut être remplacé par le papier de soie ou le papier journal) ou mis dans une enveloppe ou une poche plastique (sachets de sucre) soigneusement fermée.

Puis, toutes les enveloppes (ou poches plastiques) du même relevé sont rassemblées dans une grande boîte. Sur cette dernière, est notée la référence de la fiche de relevé où toutes les caractéristiques de la récolté sont enregistrées.

2.3.4. Détermination

Tout d'abord, toutes les espèces sont déterminées, en examinant soigneusement le matériel au moyen d'une forte loupe binoculaire, d'un microscope et des réactifs chimiques usuels en lichénologie et en utilisant les flores et les clés de détermination suivantes :

OZENDA P. et G. CLAUZADE (1970). *Les Lichens, étude biologique et flore illustrée*. Ed. Masson et Cie. Paris-VIe, France. p. 800.

SERUSIAUX E., DIEDERICH P. et J. LAMBINON, 2004. *Les macrolichens de Belgique, du Luxembourg et du Nord de la France : Clés de détermination*.

Luxembourg : Travaux scientifiques de Musée national d'histoire naturelle de Luxembourg, 192 pages.

Haluwyn, C. Van, Asta J. & J.-P. Gavériaux (2009). *Guide des Lichens de France, Lichens des arbres. s.l.* : Belin, 224 pages.

Jahns H. M. (2007). *Guide des fougères, mousses et lichens d'Europe : Plus de 650 espèces photographiées*. Paris : Delachaux et Niestlé SA, pp. 21-30, 47-57, 170-253.

De plus, les documents suivants permettant d'arriver rapidement au genre, sont traduits (de l'anglais) et employés :

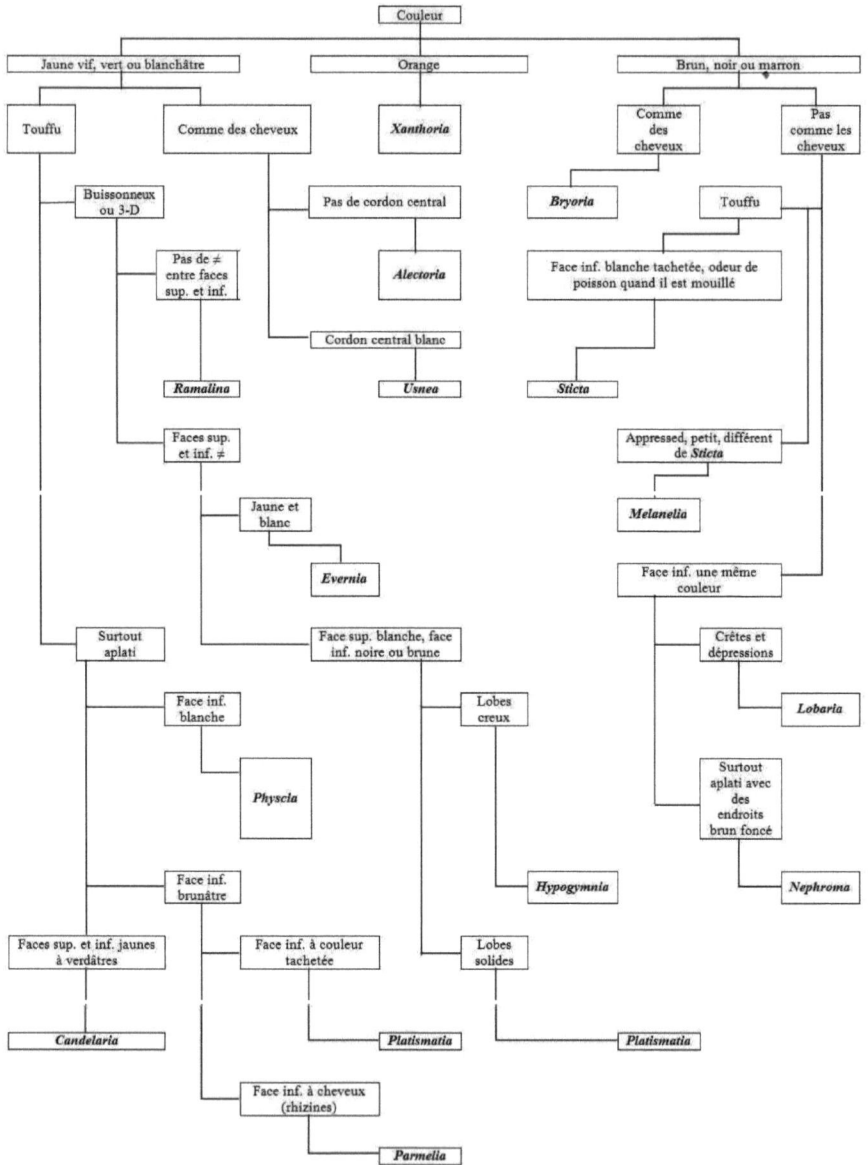

Figure 20 : Organigramme permettant d'identifier les genres des lichens.

(Kate Norman et al., 2003)

Tableau 1 : Description de quelques genres (Kate Normann et al., 2003).

Alectoria Barbe de chèvre	Typiquement vert-jaunâtre, ce lichen peut être confondu avec *Usnea*. *Usnea*, a cependant un cordon central blanc, tandis qu'*Alectoria* ne le possède pas. Ce lichen se trouve généralement sur les arbres et les arbustes dans le Nord-Ouest du Pacifique.
Bryoria Barbe brune	*Bryoria* est habituellement de couleur brune ressemblant aux cheveux. Ce lichen pousse sur les arbres et il est communément associé aux écosystèmes des forêts anciennes.
Candelaria Lichen citron	Ce lichen est généralement de couleur verte et jaune ou petite de couleur jaunâtre. Il n'est que légèrement foliacé et est souvent trouvé avec *Xanthoria sp*. *Candelaria* se développe sur écorce et le bois, généralement de feuillus.
Evernia	*Evernia* est "touffu" avec un dessus vert et dessous blanchâtre. Il est divisé régulièrement. Ce lichen peut être confondu avec *Ramalina*, cependant, *Ramalina* est verdâtre sur les deux faces et le plus souvent a fourches inégales.
Hypogymnia Lichen Tube	Ce lichen est en forme de feuille avec coloration gris-vert sur le dessus et noir sur le dessous. Il peut être confondu avec *Parmelia*, mais *Hypogymnia* a un tube creux.
Lobaria Lichen Poumon	*Lobaria* est un grand lichen feuillu. Il est vert lorsqu'il est mouillé, ou brun, verdâtre à gris lorsqu'il est sec. Il a des poches et des crêtes à travers la surface qui permet de le distinguer des autres lichens. Il est couramment trouvé dans les forêts anciennes.
Melanelia Camouflage	Les lobes peu larges de ce lichen sont généralement bruns sur le dessus et noirs sur le dessous. Elles sont aussi généralement apprimées contre le substrat. Ces lichens peuvent être trouvés sur des arbres, des arbustes ou des roches.
Nephroma Lichen Rein	Ce lichen est habituellement gris au brun et aplati ou un peu verdoyant. Une de ses caractéristiques distinctives est la forme de haricot (ou des structures en forme de haricot) sur le dessous côtés des lobes.
Parmelia Lichen Bouclier (écran)	Affiné et verdoyant, ce lichen est habituellement pâle (blanc ou gris) sur le dessus et noir sur el dessous. Il peut être confondu avec *Hypogymnia*, mais ce dernier a des lobes creux. Ce lichen pousse sur arbres, arbustes, roches et parfois le sol.

Physcia Lichen Rosette	Lichen, étroitement lobé, de couleur pâle (blanchâtre) sur le dessus et sur le dessous. Il est souvent associé à *Xanthoria*. *Physcia* pousse sur les rameaux et roche.
Platismatia Lichen Chiffon	*Platismatia* est généralement aplati, étroit à large lobe et verdâtre sur le dessus. Le dessous est généralement de deux tons ; une combinaison de blanc et marron, blanc et noir, ou marron et noir. Ce lichen préfère les conifères et se trouve rarement sur les rochers.
Ramalina Ramures pointues	Ce lichen buissonnant est similaire à *Evernia*, mais *Ramalina* est verdâtre sur les deux faces. C'est un lichen qui peut être trouvé sur les feuillus, les conifères et parfois les roches.
Sticta Lichen Lune	Sticta est verdoyant et généralement de couleur brune, noire ou gris foncé sur le dessus. Le dessous est généralement d'une nuance plus claire que le dessus et a l'odeur de poisson lorsqu'il est mouillé. A ne pas confondre avec *Melanelia* qui a généralement une face inférieure plus sombre et plus étroitement plaqués contre le substrat.
Xanthoria Lichen Orange	Ce lichen est orange (ou jaune). Il a des lobes étroits et peut souvent être trouvé avec les *Physcia* sur les rameaux, même très jeunes. *Xanthoria* peut être trouvé sur des arbres et arbustes, et parfois de roches.

En fonction de ce que demande le guide ou la clé de détermination et selon le genre à examiner, les caractéristiques morphologiques et structurales du thalle et de ses fructifications ainsi que les résultats des réactions colorées sont notés pour chaque spécimen. Pour faciliter la prise de notes, une fiche " spécimen" a été réalisée (voir annexe 3).

2.3.4.1. Etude du thalle

Le thalle est d'abord décrit à l'état sec d'une façon plus précise que possible (morphologie générale, couleur, présence éventuelle d'organes reproducteurs et/ou non reproducteurs, ...). Puis, sa taille et celle de ses fructifications sont notées.

Ensuite, les caractères morphologiques (morphologie générale, couleur, présence d'organes reproducteurs et/ou non reproducteurs, ...) du thalle sont notés. Les réactions colorées sont également effectuées, sur une partie réduite du thalle, en déposant une goutte des réactifs.

2.3.4.2. Réactions chimiques

Les réactions colorées sont utilisées en taxonomie des lichens non seulement car, sous l'influence de certains réactifs chimiques, beaucoup d'espèces prennent une couleur caractéristique au moment où d'autres espèces voisines se montrent rebelles ou prennent une couleur bien différente, mais aussi parce que la constitution chimique de chaque espèce est généralement constante ou varie très peu (HALUWYN et al., 2009 ; JAHNS, 2004 ; BOISTEL, 1986 ; DES ABBAYES, 2010).

En effet, beaucoup de lichens présentent des réactions colorées avec la potasse, l'hypochlorite de calcium, la paraphénylènediamine, etc. (DES ABBAYES, 2010 ; HALUWYN et al., 2009). Par conséquent, les réactifs chimiques les plus utilisés (qualifiés de macrochimiques) sont la potasse "K" et le chlorure "C" (JAHNS, 2007) ; d'autres réactifs, le lugol "I" et l'acide nitrique "N", sont aussi utiles pour la distinction de certains groupes bien précis (SERUSIAUX et al, 2004).

2.3.4.2.1. Préparation des réactifs

2.3.4.2.1.1. Chlore (C)

Il s'agit d'une solution saturée d'hypochlorite de sodium ou de calcium dans l'eau distillée. S'oxydant rapidement au contact de l'air, cette solution est remplacée par de l'eau de Javel qui est renouvelé aussitôt que des réactions positives connues deviennent faibles (SERUSIAUX et al., 2004).

Cette réaction permet d'obtenir, instantanément ou après quelques secondes, des teintes orangées, roses ou carmin, dues à des groupements hydroxyles en position « meta » et donnant, par oxydation, des quinones colorées (JAHNS, 2007).

Par exemple, le thalle de *Lecanora expallens* devient orange (acide thiophanique), le médulle de *Parmelia subrudecta* devient rouge-carmin (acide lécanorique) et les podétions de *Cladonia strepsilis* donnent la couleur vert-bleu (strepsiline), ... (Gavériaux, 2012).

La réaction "C" ne se produit parfois qu'après une action préalable de la potasse (JAHNS, 2007) c'est-à-dire dépôt de potasse, absorption de l'excès de réactif (papier absorbant), puis dépôt du chlore (HALUWYN et al., 2009). Dans ce cas, la succession des deux tests K puis C est notée "KC" (SERUSIAUX et al., 2004).

2.3.4.2.1.2. Potasse (K)

Il s'agit de la potasse caustique en solution aqueuse à 10% (10 g de KOH pour 100 ml d'eau distillée) qui donne une teinte pourpre (rouge sang) due à la formation de quinones chez les lichens ayant des substances jaunes ou orangées comme c'est le cas de la pariétine (*Xanthoria parietina*), ou donnant une teinte violette aux apothécies rouges de certaines cladonies contenant de l'acide rhodocladonique (JAHNS, 2007 ; SERUSIAUX et al., 2004).

Pour préparer ce réactif, des pastilles de potasse sont dissoutes dans l'eau distillée jusqu'à saturation c'est-à-dire jusqu'à atteindre le maximum de ce qui peut se dissoudre dans la quantité d'eau que contient le flacon choisi (SERUSIAUX et al., 2004 ; HALUWYN et al., 2009).

Pour tester la qualité de ce réactif (KOH 10%), une goutte sur le thalle gris de certains *Lecanora* lui donne une couleur rouge vif (JAHNS, 2007). Sur le thalle *Xanthoria*, ce réactif donne une couleur rouge-pourpre et sur celui des *Physcia* une couleur jaune (Gavériaux, 2012).

2.3.4.2.1.3. Paraphénylènediamine (P)

Une solution alcoolique à 5% de paraphénylènediamine (JAHNS, 2007) préparée en mettant 1 à 2 cristaux de paraphénylènediamine dans une goutte d'éthanol anhydre, dans un verre de montre (HALUWYN et al., 2009).

Cette préparation, bien que rapide, comporte néanmoins quelques inconvénients du fait de sa dangerosité (risque d'inhalation par vaporisation) et de sa non stabilité (elle ne se conserve que quelques heures) et doit être préparée lors de chaque utilisation (SERUSIAUX et al., 2004 ; JAHNS, 2007 ; HALUWYN et al., 2009).

Ce réactif doit être utilisé avec précaution : il ne doit pas être respiré (JAHNS, 2007) et ne doit pas être au contact avec la peau et les muqueuses (HALUWYN et al., 2009) car la paraphénylènediamine s'est avérée cancérigène (SERUSIAUX et al., 2004).

A sa place, un autre réactif peut être utilisé, il s'agit du réactif de Steiner (1 g de paraphénylènediamine, 10 g de sulfite de sodium, 100 ml d'eau distillée et 40 gouttes d'un liquide détergent) qui est non nocif et plus stable se conservant quelques mois, mais les réactions ainsi obtenues sont plus faibles (SERUSIAUX et al., 2004 ; JAHNS, 2007 ; HALUWYN et al., 2009).

En ce qui concerne la réaction à P, un fragment du thalle est isolé de manière à ce que les vapeurs de paraphénylènediamine ne souillent pas l'enveloppe et le thalle quand l'échantillon est destiné à mettre en herbier. Le dépôt est ensuite épongé avec un morceau de papier filtre, blanc de préférence ou de papier absorbant afin de bien visualiser la couleur de la réaction surtout lorsqu'il s'agit de thalles très foncés (HAUWYN et al., 2009). Cette réaction donne à certains lichens une teinte jaune, orangée ou rouge brique (JAHNS, 2007).

2.3.4.2.1.4. Lugol ou iode (I)

Il s'agit de 0.5 g d'iode et 1.5 g d'iodure de potassium (l'iode demande le secours de ce dernier pour se dissoudre) dilués dans 100 ml d'eau distillée (HALUWYN et al., 2009). Cette solution est commercialisée sous le nom de Lugol (SERUSIAUX et al., 2004).

Ce produit permet notamment d'identifier *Sphaerophorus globosus* des espèces voisines (SERUSIAUX et al., 2004). Par exemple, la médulle de *Sphaerophorus globosus* est I+bleu, celle de *Propidia tuberculosa* est I+violet, l'hyménium de certains Arthonia I+ rouge, etc. (Gavériaux, 2012)

2.3.4.2.1.5. Acide nitrique (N)

D'après SERUSIAUX et al., (2004), l'application de ce réactif, qui est une solution à 50% d'acide nitrique, est fort utile pour déterminer les *Parmelia* bruns (genres *Melanelia* et *Neofuscelia*).

Utilisé avec beaucoup de précautions car extrêmement corrosif, ce produit donne une couleur rose pâle à l'épithécium de *Lecanora crenulata*, une couleur rougeâtre à celui de *Lecidea turgidula* et le vert à celui d'*Aspicilia coronata* (Gavériaux, 2012).

2.3.4.2.2. Conservation des réactifs

Les réactifs sont conservés dans des flacons de verre fumée de 10 ml (petites flacons de parfum, de produits pharmaceutiques, …). Ces flacons sont bouchés à l'émeri et tenus à l'abri de la lumière. Pour la paraphénylènediamine, instable, elle est préparée au moment de chaque utilisation.

2.3.4.2.3. Manipulation

Les réactifs sont déposés à l'aide d'allumettes, de cure-dents ou de baguette de verre. Destinés à l'emploi sur terrain, une tige effilée doit prolonger le bouchon à l'intérieur du flacon.

Les réactions colorées, corrosives ou toxiques, sont manipulées avec soin. Elles sont estimées sur papier absorbant et sous une loupe binoculaire.

Ces tests colorés sont faits sur le thalle, la médulle, les soralies, la pruine recouvrant les pycnides ou sur le disque ou le rebord des apothécies.

Le tissu à tester est légèrement mouillé en déposant une goutte du réactif sur une partie minime du thalle qui est ensuite enlevée si le spécimen est destiné à être conservé dans un herbier.

Pour dégager la médulle, une entaille dans le cortex est effectuée à l'aide d'une lame de rasoir ou d'une pointe de scalpel.

Pour les lichens foncés (fructiculeux ou foliacés), un morceau de papier filtre ou papier absorbant est déposé sur une lame de verre et quelques brins du lichen y est déposé et humidifié avec le réactif. Durant quelques minutes, la couleur doit apparaître sur le papier.

Notant enfin que la réaction colorée peut être immédiate et éphémère, comme celle de la médulle à C, ou plus lente, évolutive et persistante comme pour la réaction de la médulle à P.

2.3.4.2.4. Lumière ultraviolette (UV)

Puisque certaines substances lichéniques observées sous lumière ultraviolette présentent une couleur très caractéristique, l'examen de lichens à la lampe UV permet de déterminer si une certaine substance est présente ou non dans le thalle ce qui peut constituer une aide précieuse lors de la détermination (SERUSIAUX et al., 2004).

2.3.4.3. Etude des fructifications

Les fructifications sont examinées à la loupe binoculaire pour déterminer s'il s'agit d'apothécies ou de périthèces. Puis, leurs caractères morphologiques sont notés (couleur, forme, dimension, position sur le thalle, ...). Ensuite, leurs caractères microscopiques sont étudiés.

Dans le cas des apothécies, la couleur, la forme et la hauteur de l'épithécium, de l'hyménium, de l'exipulum, de l'hypothécium, ... sont observées sur une coupe mince.

Pour les périthèces, une coupe fine étant pratiquement impossible à réaliser, une coupe épaisse est faite afin d'observer le pyrénium, l'involucrellum et l'hyménium.

Pour les paraphyses, un écrasement est fait pour observer si elles sont libres ou cohérents. Pour préciser si ces paraphyses sont simples ou ramifiées ou encore anastomosées, une coupe avec coloration de l'hyménium au bleu coton est observée à X1000 à l'aide d'un objectif à immersion (COSTE, 1989).

En ce qui concerne les asques, la forme et les dimensions sont étudiées. Pour déterminer les *Lecidia SL* et *Buellia SL*, la partie supérieure de l'asque est colorée à l'iode pour en déterminer la structure.

2.3.4.4. Spores

La taille de spore est déterminée dans l'eau et la structure de leurs parois est observée dans la potasse car cette dernière éclaire la préparation mais augmente le volume. La couleur des spores et leur nombre dans les asques sont également notés. Enfin, le nombre de loges dans la spore est compté et enregistré.

2.3.4.5. Pycnides

Pour déterminer les genres *Aspicilia* et *Opegrapha*, les pycnidiospores sont étudiées par écrasement entre lame et lamelle.

2.3.5. Champignons lichénicoles

La surface du thalle et de la structure des ascocarpes est attentivement observée pour vérifier la présence des champignons lichénicoles.

Une fiche intitulée "Champignon lichénicole" (voir annexe n° 5) est tapée et imprimée pour faciliter la détermination et la saisie des résultats de l'examen macroscopiques et microscopique des champignons lichénicoles rencontrés.

Malheureusement, l'indisponibilité des clés de détermination des champignons lichénicoles a empêché la réalisation de cette tâche.

2.3.6. Saisie de résultats

Pour les caractères morphologiques et anatomiques, la terminologie des auteurs modernes est utilisée (loge au lieu de chambre, cortex au lieu d'écorce, ...).

Une fiche "spécimen" contenant tous les critères de classification est imprimée pour faciliter l'enregistrement des résultats (annexe 5) et la réalisation des monographies d'espèces présentes dans la zone d'étude.

Une réaction négative (aucune apparition de couleur) est notée «-» tandis qu'une réaction positive (apparition d'une couleur) est notée «+ couleur». Par exemple, C-, K+ rouge, KC+ violet.

Les clés de détermination sont feuilletées et le nom de l'espèce trouvée est accompagnée du nom abrégé de l'auteur qui l'a donné le premier (exemple, L. pour Linné, Ach. Pour Acharius, ...).

Les noms d'espèces sont ensuite mis à jour en se référant aux ouvrages suivants :

ERUSIAUX E., DIEDERICH P. et J. LAMBINON, 2004. *Les macrolichens de Belgique, du Luxembourg et du Nord de la France : Clés de détermination*. Luxembourg : Travaux scientifiques de Musée national d'histoire naturelle de Luxembourg, 192 pages.

Haluwyn, C. Van, Asta J. & J.-P. Gavériaux (2009). *Guide des Lichens de France, Lichens des arbres. s.l.* : Belin, 224 pages.

Jahns H. M. (2007). *Guide des fougères, mousses et lichens d'Europe : Plus de 650 espèces photographiées*. Paris : Delachaux et Niestlé SA, pp. 21-30, 47-57, 170-253.

ROUX C. (2011). *Liste des lichens et champignons lichénicoles non lichénisés de France*. URL : http://lichenologue.org/fr/.

3. Résultats et discussion

3.1. Résultats

3.1.1. Liste des taxons de lichens

Cette étude des lichens du Parc National de Theniet-el-Had a permis d'élaborer une première liste de lichens. Les résultats des déterminations de laboratoire des lichens récoltés dans le Parc National des Cèdres sont donnés dans le tableau N°2.

Tableau 2 : Liste des taxons trouvés dans le parc.

N°	Nom de l'espèce
1	Anaptychia ciliaris (L.) Krb.
2	Bryoria fuscescens (Gyeln.) Brodo & D. Hawksw.
3	Cladonia fimbriata (L.) Fr.
4	Cladonia pocillum (Ach.) O.-J. Rich.
5	Collema nigrescens (Huds.) DC.
6	Diploschistes scruposus (Schreb.) Norman ssp. scruposus
7	Evernia prunastri (L.) Ach.
8	Fulgensia fulgens (Sw.) Elenkin.
9	Lecanora argentata (Ach.) Malme.
10	Lecanora varia (Hoffm.) Ach.
11	Lepraria incana (L.) Ach.
12	Letharia vulpina (L.) Hue
13	Melanelixia glabra (Schaer.) O. Blanco, A. Crespo, Div., Essl., D. Hawksw. et Lumbsch
14	Parmelia sulcata Taylor
15	Parmelina tiliacea (Hoffm.) Hale.
16	Peltigera canina (L.) Willd.
17	Pertusaria albescens (Hudson) Choisy & Werner
18	Physcia adscendens (Fr.) H. Olivier.
19	Physcia aipolia (Ehrh. ex Humb.) Fürnr.
20	Physcia leptalea (Ach.) DC.
21	Physcia tenella (Scop.) DC.
22	Physconia distorta (With.) J. R. Laundon v. distorta
23	Physconia enteroxantha (Nyl.) Poelt
24	Platismatia glauca (L.) W.L. Culb. & C.F. Culb.
25	Pleurosticta acetabulum (Neck.) Elix et Lumbsch v. acetabulum
26	Pseudevernia furfuracea (L.) Zopf.

27	*Psora decipiens (Hedw.) Hoffm.*
28	*Ramalina farinacea (L.) Ach.*
29	*Ramalina fraxinea v. ampliata Ach.*
30	*Ramalina fraxinea v. calicariformis Nyl.*
31	*Xanthoria parietina (L.) Ach.*

3.1.2. Commentaires sur la rareté et l'écologie d'espèces intéressantes

Bryoria fuscescens :

Lichen épiphyte rencontré uniquement sur les troncs de *Cedrus atlantica* Manetti au versant nord et en haute altitude (1500 m. et plus). Cette espèce exige une hygrométrie très élevée et est sans doute liée aux vieilles forêts non perturbées. Elle ne doit pas être prélevée.

Cladonia pocillum :

Espèce lignicole et muscicole, très rare, rencontrée seulement au versant nord dans les crevasses du bois mort couché et pourris du Cèdre de l'Atlas et dans des milieux bien protégés contre les vents. Ce lichen doit faire l'objet de protection.

Cladonia fimbriata :

Espèce corticole, lignicole, très rare dans le parc. Elle se trouve actuellement dans les cavités, dirigées vers le nord, du bois couché et pourrissant du Cèdre de l'Atlas. Elle a été trouvée également sur le tronc du Cèdre mais à la base et dans une sorte de cavité formée par deux racines nues à une centaine de mètres sous la maison du Parc.

Letharia vulpina :

Il s'agit d'une espèce toxique pour l'homme. Elle est très rare dans le parc et est trouvée sur les vieux troncs de *Cedrus atlantica* Manetti au versant nord et seulement en haute altitude (plus de 1550 m.).

Platismatia glauca :

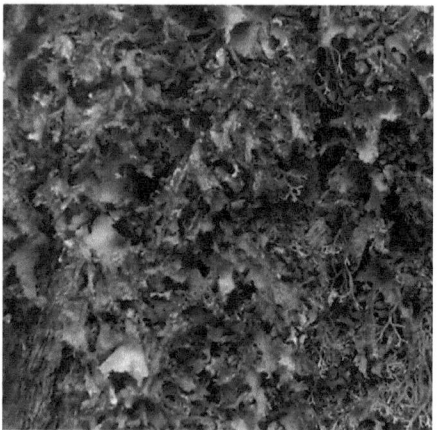

Espèce peu abondante. Elle se rencontre sur les troncs du Cèdres de l'Atlas au versant nord à une haute altitude, la majorité des cas en association avec *Bryoria fuscescens*.

Rôles des Lichens dans l'écosystème

Dans la cédraie de Theniet-el-Had, les troncs de Cèdres couverts de lichens constituent un refuge pour un bon nombre d'insectes, de papillons et autres. Certains lichens servent également aux oiseaux comme matériaux pour la construction de leurs nids, alors que d'autres tirent profil des nutriments azotés que contiennent les excréments de ces oiseaux (figure 21).

Un nid fait, entre autres, de lichens.

Un lichen nitrophile.

Camouflage de papillons et insectes.

Une vue de loin, difficile de voir le

papillon !

Figure 21 : Place des lichens dans l'écosystème.

3.1.3. Spectre systématique

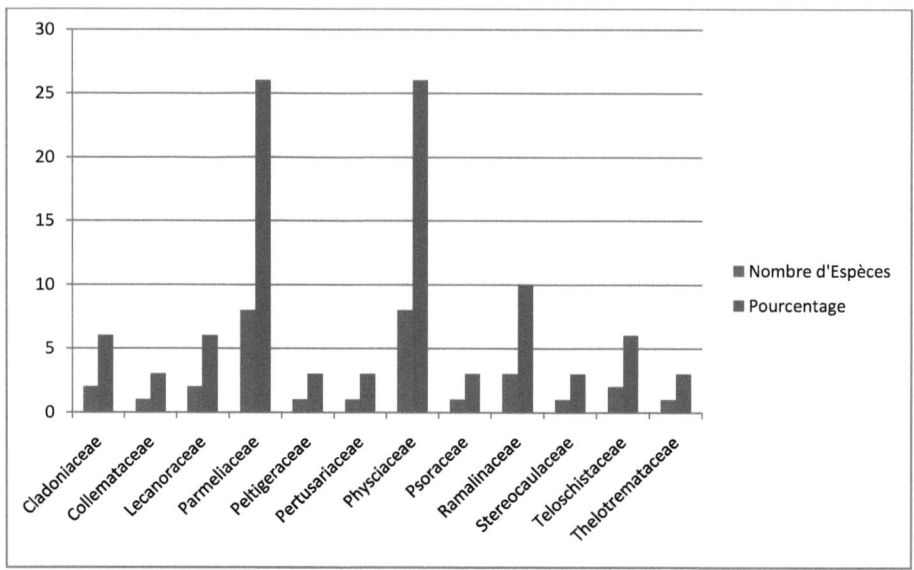

Figure 22 : Spectre systématique.

La figure 22 montre que plus de la moitié (52%) des espèces rencontrées dans la zone d'étude appartiennent aux deux familles : Parmeliaceae et Physciaceae. Alors que des familles comme les Collémacées et les Peltigéracées ne sont représentées que par une seule espèce.

3.1.4. Spectre physionomique

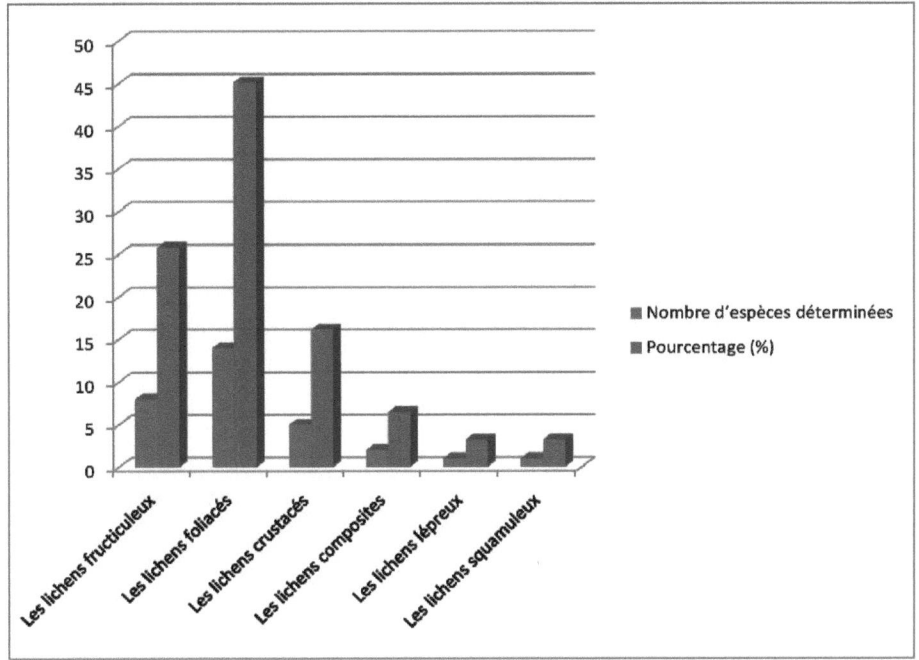

Figure 23 : Spectre physionomique.

D'près la figure 23, on constate, d'un point de vue de la forme des thalles, que les lichens foliacés sont les plus abondants, puis viennent les lichens fructiculeux et ensuite les crustacés.

Les lichens fructiculeux et foliacés représentant 71% de la flore lichénique de la zone d'étude. Mais un inventaire exhaustif de la flore de tout le Parc National de Theniet-el-Had pourrait peut modifier, légèrement, ces résultats.

3.1.5. Fiches des espèces du Parc National de Theniet-el-Had (monographies)

Afin de valoriser la biodiversité lichénique du Parc et faciliter l'identification des espèces lichéniques lors des futures études lichénologiques et lichénosociologiques, des fiches de quelques macrolichens (bioindicateurs de la qualité de l'air et/ou très intéressants) sont proposées dans ce travail. Ces monographies pourront contribuer également à la réalisation d'un guide ou d'un atlas des lichens de l'Algérie.

Pour chaque espèce, le nom vernaculaire, le(s) synonyme(s), des photographies et des descriptions brèves sont donnés.

Pour les espèces voisines, une seule espèce est décrite en donnant les caractéristiques qui la distinguent des espèces qui lui ressemblent.

L'espèce : *Anaptychia ciliaris (L.) Körb. ex A. Massal.*

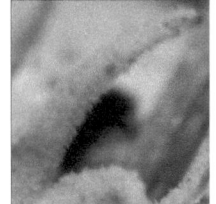  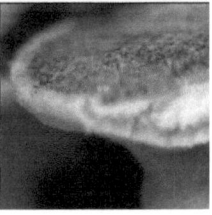 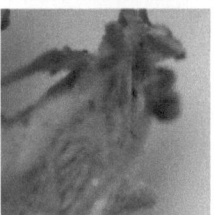

| Cil marginal | Apothécie lécanorine | Coupe dans l'apothécie | Face inférieure |

Description : Un lichen fructiculeux en lanières tomenteuses et ramifiées de couleur gris plus ou moins foncé à cils marginaux gris à noirs. Des apothécies laminales très nombreuses, stipitées et arrondies à disque bleu-noir souvent pruineux. Pas de cortex inférieur et pas de rhizines. Pas d'isidies, ni de soralies.

Remarque : Cette espèce est indicatrice d'une pollution faible (GAVERIAUX, 2011).

L'espèce : *Bryoria fuscescens (Gyeln.) Brodo &D. Hawksw.*
Synonyme(s) : *Alectoria jubata* (L.) Ach.

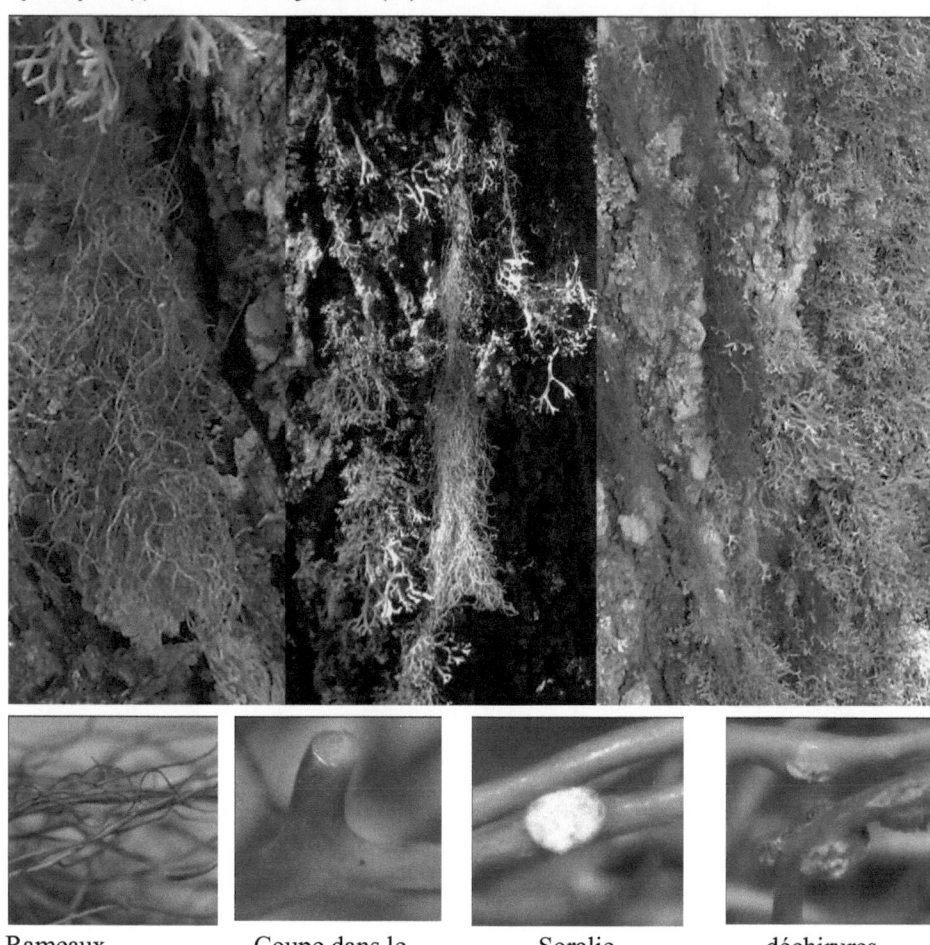

| Rameaux cylindriques | Coupe dans le thalle | Soralie | déchirures |

Description : Lichen fructiculeux pendant à rameaux cylindriques dépourvus d'axe chondroïde (pas de cordon axial à l'inverse des usnées).
Thalle plein, ramifié, à cavité interne irrégulière non délimitée par un cortex.

L'espèce : *Cladonia fimbriata L. (Fr.) et Cladonia pocillum (Ach.) O.-J. Rich.*

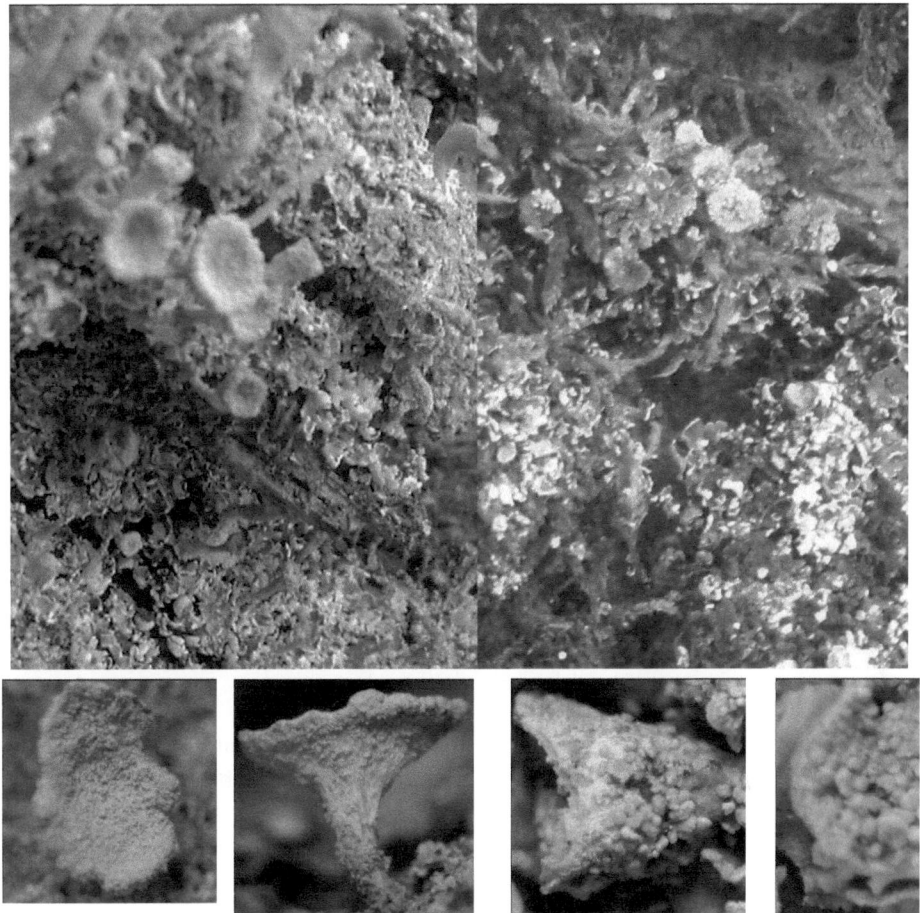

Podétion de *C. fimbriata* Podétion du *C. pocillum*

Le thalle primaire du *Cladonia fimbriata* est formé de petits lobes gris bleuâtre maculé de noir (isidies) à face inférieure noire couverte de rhizines simples et noires qui débordent parfois des bords. Il a des podétions entièrement couverts de soralies farineuses, 1-4 cm de hauteur, gris verdâtre, en forme de fine trompette brusquement dilatées au sommet.

Les squamules du thalle primaire du *C. pocillum* de couleur verte teintée de brun, plus ou moins appliquées au sol sont imbriquées les unes dans les autres, paraissant d'un seul tenant et ne laissant pas voir le sol. Leurs bords lobés se relèvent parfois. Ce lichen a des squamules podétiales étalées, ± parallèles au substrat.

L'espèce :	***Evernia prunastri (L.) Ach.*** L'évernie du chêne ou la mousse du chêne.

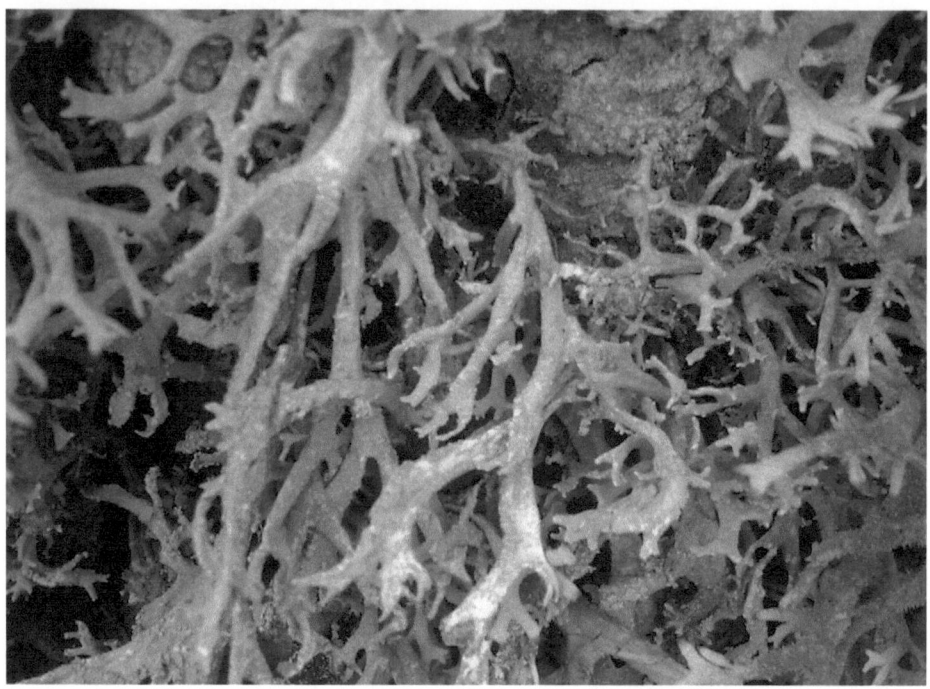

Description :	Thalle fruticuleux en lanières pendantes, ayant une face supérieure verte (ou gris-verdâtre) et une face inférieure blanche (ou blanchâtre) avec de soralies marginales. Ce lichen se distingue des *Ramalina* par le fait que ces derniers ont les faces supérieure et inférieure de la même couleur et ont une structure radiée. Il diffère aussi du *Pseudevernia furfuracea* par le fait que ce dernier à une face inférieure noire tout au moins à la base et des isidies cylindriques nombreuses.
Bioindication	Pollution moyenne (GAVERIAUX, 2011). Encore utilisé en parfumerie.

L'espèce : *Parmelina tiliacea (Hoffm.) Hale.*
Synonyme(s) : *Parmelia scortea* Ach.

Description : Thalle foliacé gris-bleuté, lisse, parfois un peu pruineux, à lobes arrondis, ± onduleux vers la marge. Pas de soralies mais des isidies globuleuses ou ramifiées, brunes (petites et peu colorées au départ), ne laissant pratiquement pas de cicatrices sur le thalle lorsqu'elles sont cassées. Face inférieure noire avec des rhizines arrivant jusqu'au bord des lobes.

Remarque : *Parmelina pastillifera* est proche mais ses isidies sont en forme de pastille, de couleur noire et elles laissent une cicatrice sur le thalle lorsqu'elles sont cassées.

L'espèce : *Peltigera canina (L.) Willd.*
Synonyme(s) : *Peltigera canina* (Hoffm.) Willd. f. *leucorrhiza* Flk.

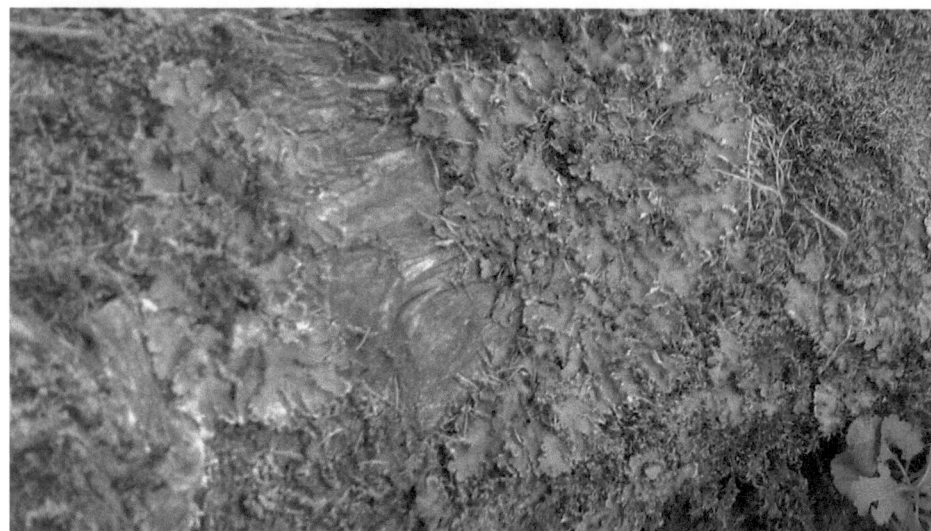

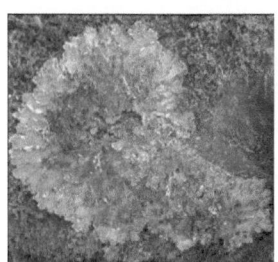 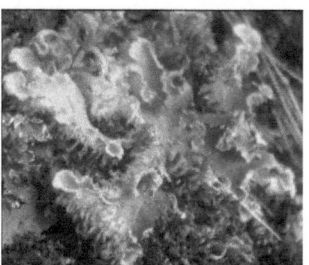 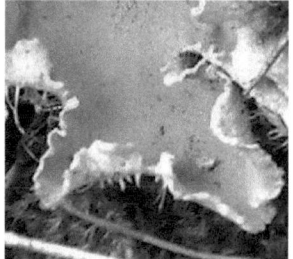

Description : *Peltigera canina* à un thalle foliacé constitué de grands lobes arrondis gris à l'état sec.

Rhizines toujours nombreuses, irrégulières, hirsutes, abondamment branchues et plus ou moins confluentes à leur base, restant blanches ou très pâles, surtout vers la marge ; réseau de veines blanchâtre à brunâtre, ne formant pas un contraste net avec la face inférieure du thalle (SERUSIAUX et al. 2004).

L'espèce :	*Platismatia glauca (L.) W.L. Culb. & C.F. Culb.*
Synonyme(s) :	*Platysma fallax* Hffm. f. *coralloidea* Krb.

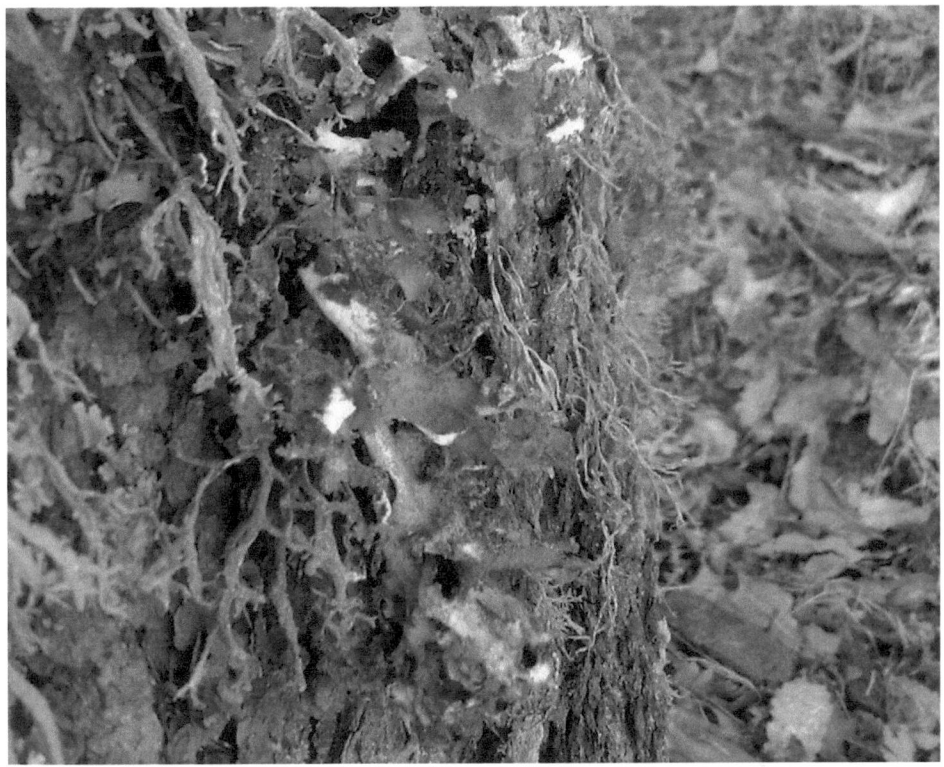

Description : Thalle foliacé avec lobes jusqu'à 1,5 cm de large, de couleur gris verdâtre ± foncé avec souvent une teinte brune (entièrement brun en situation très héliophile), onduleux, irrégulièrement incisés, à marge ascendante, entière à sublobulée.

Face inférieure brun foncé plus claire vers les bords, presque toujours munie de rhizines isolées assez longues.

L'espèce : *Pleurosticta acetabulum (Neck.) Elix & Lumbsch*
Synonyme(s) : *Parmelia acetabulum* (Neck.) Duby.

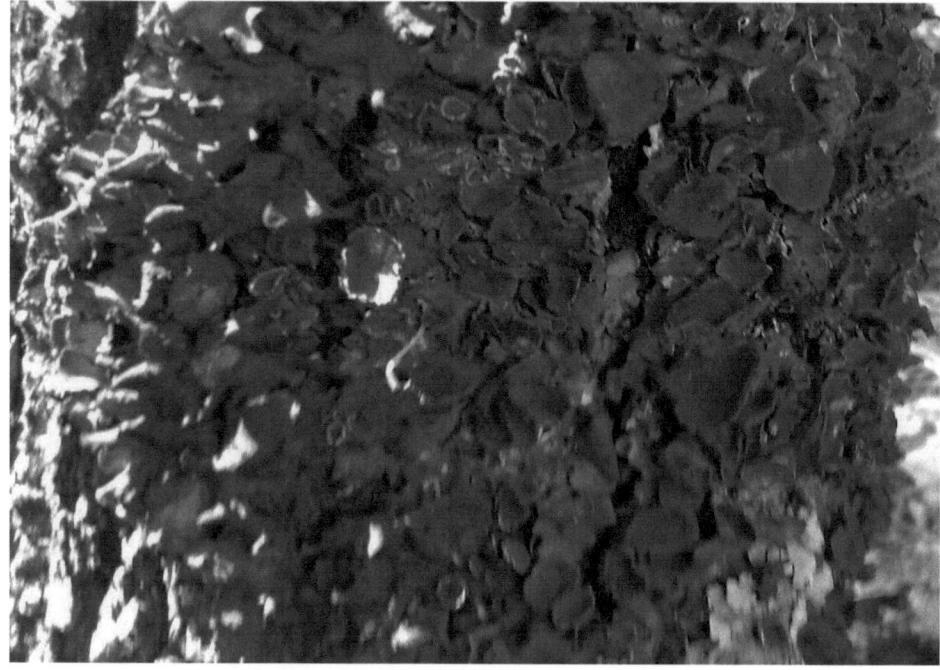

Description : Thalle foliacé brun-vert foncé pouvant atteindre une grande taille (25 cm) à lobes larges (15 mm), arrondis, élargis vers les extrémités, ± contournés, ridés au centre, devenant vert au contact de l'eau.
Pas d'isidies ni de soralies. Face inférieure brune avec des rhizines simples.
Apothécies : légèrement pédicellées, de grande taille (jusqu'à 1,5 cm de diamètre), à disque brunâtre, à rebords relevés souvent difformes et contournés.

L'espèce : *Ramalina fraxinea & R. farinacea*

Description : Les *Ramalina* ont des thalles fructiculeux en lanières.

R. fraxinea a des lanières larges dès la base, un peu vrillées à la base et à l'apex, non canaliculées, surface ± longitudinalement réticulée ; des apothécies fréquentes, marginales ou faciales, disque d'abord concave, puis plat à convexe à maturité.

Les lanières, rondes à ± anguleuses et ridées longitudinalement, du *R. fastigiata* forment un petit buisson presque hémisphérique dont la longueur peut aller jusqu'à 5 cm. De nombreuses apothécies terminales cachent parfois le thalle.

R. farinacea a de nombreuses lanières étroites à surface lisse et ± brillante avec de nombreuses soralies marginales, ± circulaires à elliptiques, farineuses, plates à convexes.

Remarque : La présence de ces *Ramalina* indique une pollution faible.

L'espèce : *Xanthoria parietina (L.) Ach.*

Description : Thalle foliacé, K+ rouge pourpre, ayant des lobes plats, arrondis, bien appliqués au substrat, de couleur jaune orangé (jaune verdâtre à l'ombre) ; face inférieure presque blanche avec des rhizines éparses et simples.

Apothécies généralement nombreuses vers le centre du thalle, sessiles (ou légèrement pédicellées quand l'espèce est sur branche), disque orangé à rebord jaune, devenant un peu crénelé avec l'âge.

Bioindication : Pollution moyenne.

Espèce bio accumulatrice de métaux lourds.

3.2. Discussion

3.2.1. Composition et richesse floristique

3.2.1.1. Composition floristique

Dans le présent travail, 31 espèces de lichens épiphytes ont été recensées dans le Parc national de Theniet-el-Had. Ces espèces se répartissent en 24 genres appartenant à 12 familles.

3.2.1.1.1. Espèces nouvelles pour le Parc National des Cèdres

Aucun travail n'est publié sur les Lichens du Parc National de Theniet-el-Had. Cependant et d'après AJAJ et al., (2007), qui ont inventorié les lichens de l'Herbier "RAB" du Maroc, et selon WERNER (1940) qui a déterminé les espèces récoltées dans les cédraies de l'Algérie par FAUREL, 18 espèces de lichens se trouvent dans le National de Theniet-el-Had.

La seule espèce qui peut être nouvelle pour la dition est *Letharia vulpina (L.) Hue*. Si les autres espèces n'y ont été pas signalées, c'est peut être parce qu'elles étaient communes en Algérie, tout au moins dans les cédraies (comme *Xanthoria parietina*, etc.).

3.2.1.1.2. Taxons signalés antérieurement, non retrouvés

Toutes les espèces épiphytes récoltées antérieurement dans la zone d'étude ont été retrouvées au cours de cet inventaire.

3.2.1.2. Richesse floristique

Le Parc national des Cèdres présentait, en ce qui concerne les lichens épiphytes, une richesse floristique globale assez remarquable par rapport à l'ensemble du territoire national. Cependant l'absence d'une Check-list exhaustive des Lichens de l'Algérie ne permet pas donner des chiffres exacts.

3.2.1.2.1. Relations espèces lichéniques – phorophytes

3.2.1.2.1.1. Richesse de la flore lichénique des phorophytes

La plupart des taxons ont été notés sur les quatre phorophytes différents. Toutes les espèces présentes dans le parc ont été aussi rencontrées sur le Cèdres de l'Atlas. Les *Bryoria, Platismatia et Letharia*, tous rares, n'ont pas été observés sur son tronc. De plus, les *Cladonia, Collema et Peltigera* n'ont été rencontrés que sur le bois mort de ce phorophyte, d'où l'intérêt de la conservation de cette essence.

Tableau 3 : Richesse spécifique en fonction du phorophyte.

	SC	dl	MC	SC	dl	MC	F	p
NbSp	205,4444	3	68,48148	252,4444	32	7,888889	8,680751	0,000233

Analyse de la Variance (Feuille de données2) Effets significatifs marqués à p < ,05000

Cette ANOVA (Tableau 3) montre qu'il y a une différence hautement significative, à un seuil de 5%, entre la richesse spécifique des quatre phorophytes examinés dans le Parc. Autrement dit, au moins une moyenne est différente.

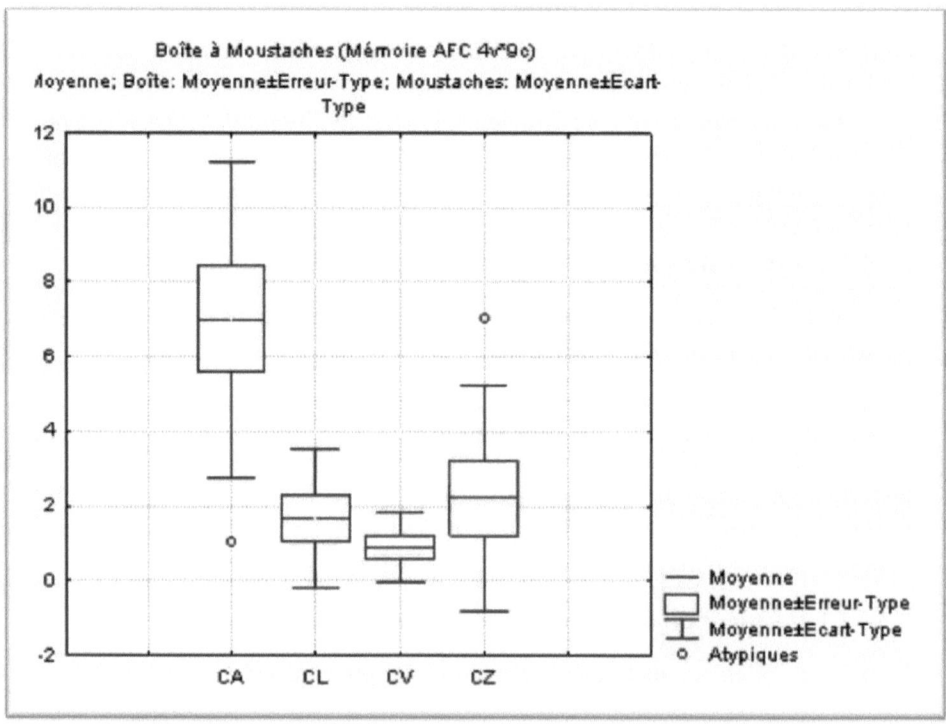

Figure 24 : Richesse spécifique en fonction du phorophyte.

D'après ces boîtes à moustaches (Figure 24), sur le versant nord, le phorophyte le plus riche en lichens est le Cèdre de l'Atlas suivi du Chêne zen ce qui peut être remarqué facilement sur le terrain.

Tableau 4 : Abondance-dominance en fonction du phorophyte.

Analyse de la Variance (Végétation lichénique du Parc) Effets significatifs marqués à p < ,05000							
	SC	dl	MC	SC	dl	MC	F	P
Ab-do	1161,034	3	387,0115	15448,02	102	151,4512	2,555354	0,059450

D'après cette ANOVA (tableau 4), il n'y a aucune différence significative de moyennes entre les quatre phorophytes d'un point de vue d'abondance-dominance des espèces lichénique épiphytes.

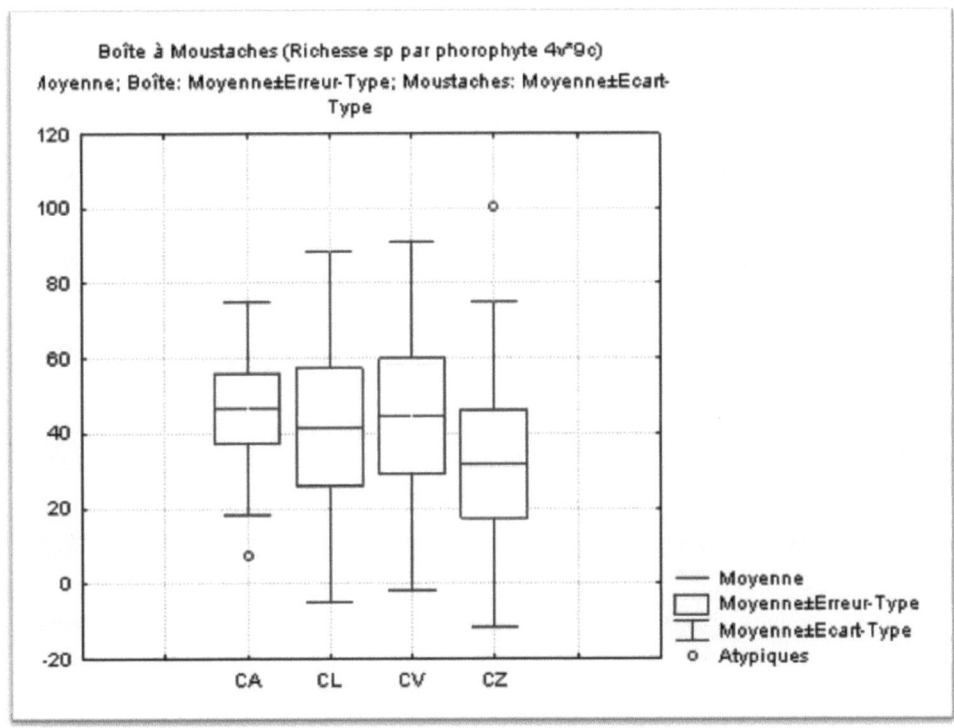

Figure 25 : Taux de recouvrement des espèces en fonction du phorophyte.

Les troncs des quatre phorophytes sont recouverts de lichens. Cependant, le tronc du Cèdre de l'Atlas est le plus couvert de lichens. Par contre, les troncs du Chêne zen sont moins colonisés par les lichens épiphytes.

3.2.1.2.1.2. Préférences ou spécificité des lichens relevés pour un ou des phorophytes

L'installation d'un lichen déterminé sur un phorophyte donné dépend de différents facteurs liés, soit au phorophyte lui-même, soit à l'environnement (WAGNER-SCHABER, 1987) :

a) Facteurs dépendant du phorophyte :

- pH de l'écorce (acide, neutre, basique),

- état de surface de l'écorce (lisse, légèrement rugueuse, très rugueuse),

- capacité de rétention d'eau.

b) Facteurs dépendant de l'environnement du phorophyte :

- Présence ou absence de sels minéraux, de substances azotées, de poussières,

- Climat et microclimat de la station (pluie, humidité de l'air, température, brouillard, rosée, éclairement, vent …).

Pour mieux déterminer les facteurs qui déterminent la répartition des espèces lichéniques épiphytes sur les quatre phorophytes, les fréquences de présence de chaque espèce sur le tronc d'un phorophyte (A : Cèdre de l'Atlas, L : Chêne liège, V : Chêne vert et Z : Chêne zen), dans les deux cantons étudiés (PE : Pépinière et RP : Rond-point) et selon la classe d'Altitudes (3 : entre 1300 et 1400 m d'altitude, 4 : entre 1400 et 1500, 5 : 1500-1600 et 6 : 1600 jusqu'à 1700 m) ont été calculées.

Afin de traiter les liaisons existant entre ces variables (phorophyte, canton, altitude), les données sont saisies dans un tableau croisé et une Analyse Factorielle de Correspondances a été réalisée. Les résultats obtenus sont illustrés dans la figure 26.

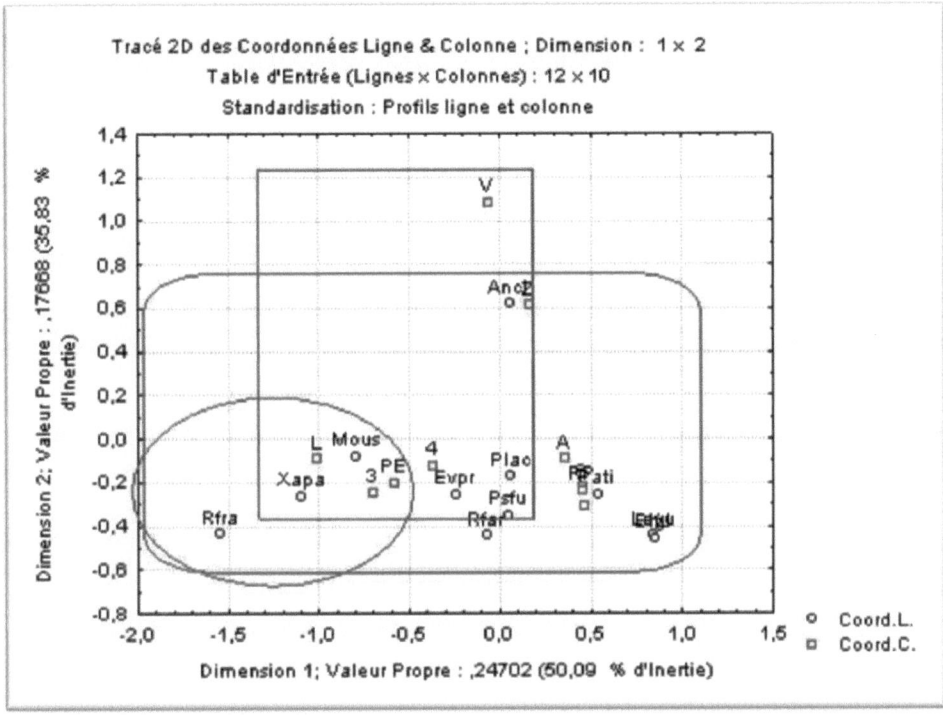

Figure 26 : Analyse factorielle de correspondance (AFC) des données.

L'élément dominant que cette AFC fait apparaître est l'opposition entre d'une part le canton Rond-point et les hautes altitudes à grande richesse spécifique et, d'autre part, le canton Pépinière et les moyennes altitudes.

Une structure secondaire distingue, parmi les espèces lichéniques épiphytes du Parc National de Theniet-el-Had, celles qui colonisent les différents phorophytes à celles qui préfèrent un ou des phorophytes donnés. Répartition des lichens selon l'altitude

3.2.2. Représentativité de la prospection

L'objectif essentiel du présent travail étant l'inventaire des lichens épiphytes du Parc, les données relatives à la fréquence et l'abondance-dominance de ces espèces n'est pas représentative de tout le parc. C'est ainsi qu'une étude de la végétation lichénique du Parc est extrêmement nécessaire.

3.2.3. Qualité de l'air au sein du Parc National des Cèdres

La présence des espèces telles *Evernia prunastri, Xanthoria parietina,* etc. dans le parc National de Theniet-el-Had atteste une qualité de l'air moyenne (GAVERIAUX, 2011).

Anaptychia ciliaris et *Ramalina fraxinea*, lichens épiphytes toxicosensibles, témoins d'une bonne qualité de l'air (ERTZ et al., 2006), sont présents aussi dans le Parc.

Teloschistes chrysophtalmus est une espèce polluophobe (COSTE, 2009), si elle n'existe pas au parc c'est parce que les conditions lui sont défavorables et pas à cause de la pollution.

Parmelia caperata, Parmelia perlata, Parmelia revoluta qui appartiennent à l'association *Parmelietum caperato revolutae* (association non pionnière se rencontrant dans les milieux stables déjà colonisés par d'autres lichens), qui ont une préférence pour les écorces acides (chêne) et qui sont poléophobes, sont présentes dans la zone d'étude.

Les espèces franchement nitrophiles (comme *Xanthoria parietina, physcia ascendens,* ...), ainsi que les lichens héminitrophiles (genre *Physconia)* ne sont pas dominantes dans le parc.

Conclusion générale

Ce travail, fruit d'une prospection du milieu et d'une étude minutieuse du matériel récolté ainsi qu'un relevé de la littérature, a abouti à l'adoption de 31 taxons.

Du point de vue physionomique, 8 lichens fructiculeux, 14 foliacés, 5 crustacés, 2 composites, 1 lépreux et 1 lichen gélatineux sont déterminés.

La détermination des lichens, difficile comme l'attestent SURESIAUX et al. (2004), a pris un temps énorme. De plus, l'absence de flores, d'herbiers, de guides ou encore des clés de déterminations des lichens de l'Algérie a rendu ce travail pénible.

La richesse spécifique des lichens épiphytes varie dans le Parc National de Theniet-el-Had en fonction de l'altitude, du versant et du phorophyte ainsi que l'exposition sur ce dernier. Une étude de la végétation lichénique épiphyte du Parc et son suivi est très utile pour se gestion. Il est surtout très intéressant de suivre à long terme l'évolution des espèces de grande importance (*Bryoria fuscescens*, *Platismatia glauca*, *Cladonia pocillum*, *C. fimbriata* et *Letharia vulpina*).

La préservation des lichens au sein du Parc National de Theniet se fait par la protection des vieux arbres de Cèdre de l'Atlas et de Chêne liège ainsi que l'écorce de ces derniers ; le suivi des habitats riches en biodiversité lichénique (les auteurs du canton Rond-point et la subéraie) et la protection du bois mort couché. De *Cedrus atlantica* Manetti.

Il reste à vérifier la présence des spécimens, récoltés dans le parc, au niveau des herbiers tels celui de Maire de l'université de Montpellier II, RAB du Maroc, etc. Le Parc National de Theniet doit faire l'objet d'analyses floristiques, phytosociologiques, phytogéographiques et synécologiques détaillées.

Il faut noter que cet inventaire n'est pas exhaustif et n'a touché que les lichens épiphytes (corticoles et lignicoles) en raison de la grande surface du Parc et le manque du temps nécessaire pour l'exploration du milieu et la détermination des espèces. Un autre inventaire plus exhaustif de tous les lichens épiphytes, saxicoles et terricoles augmentera le nombre d'espèces lichéniques et valorisera la biodiversité lichénique de l'unique cédraie de l'Ouest algérien.

L'Algérie, ayant plusieurs étages climatiques, possède une biodiversité lichénique remarquable, dont plusieurs (espèces, variétés ou formes) sont endémiques.

La majorité des travaux sur les lichens de l'Algérie sont anciens et partiels, de plus la check-list actuelle des espèces lichéniques ne représente pas la réalité et il faut la finaliser. Pour cela, la révision de la flore lichénique de l'Algérie doit être faite le plutôt possible.

Bibliographie

- ABBAYES, Henry Des. 2010. Lichens. [Logiciel Encyclopaedia Universalis 2011 DVD Version 16.00] Paris : s.n., 2010.
- AIT HAMMOU, Mohammed, MAATOUG, Mohammed & HADJADJ, Mohammed Seghir. 2008. Contribution à l'identification de quelques lichens de la forêt de pins dans la région de Tiaret (Algérie). Revue des Sciences Agronomiques de l'Université de Damas. 2008, Vol. 24, 2, pp. 289-303.
- AJAJ, Abdelkrim and et, al. 2007. Lichens et champignons lichénicoles de l'Herbier national "RAB" de l'Institut Scientifique (Rabat, Maroc). Documents de l'Institut Scientifique. 2007, Vol. 21, pp. 1-70.
- ANNAM. 2010. Sortie Lichen au Mont Chauve. s.l. : Association des naturalistes de Nice et des Alpes Maritimes, 2010. pp. 1-6.
- BAUWENS, Anne. 2003. Les lichens et la qualité de l'air : Fascicules des enseignants. s.l. : UCL (Université Catholique de Louvain), 2003. p. 42.
- BENDAIKHA, Yasmina. 2006. Les lichens de la région d'Oran : Systématique et application à la qualité de l'air atmosphérique. Oran : Université Es-Sénia, 2006. p. 172. Thèse de Magister (encadrée par Dr. HADJADJ-AOUL Seghir).
- BERTHONNET, Arnaud. 2010. Parcs nationaux et tourisme en Algérie dans les années 1920, une expérience coloniale effacée par l'histoire. "Pour mémoire", la revue du Comité d'histoire. N°9. Pp 164-169.
- BIBEAU, Sylvie and CHEVALIER, Gaston. 2003. Distribution géographique des lichens à Montréal et taux d'hospitalisation pour problèmes respiratoires chez les enfants. [Éd.] TOXEN Département des Sciences Biologiques. Travail et santé. Décembre 2003, Vol. 18, 4, pp. 1-4.
- BIODEUG. 2007. Thallophytes, Chapitre 2 : Mycètes et lichens. Biodeug : cours de Biologie et Géologie en ligne (L1 à Maîtrise). [En ligne] <ftp://ftp2.biodeug.com/biodeug/thallo_chap2.zip> (consulté le 2 novembre 2011).
- Boistel, A. 1986. Nouvelle Flore des Lichens pour la détermination facile des espèces. Paris : éd. Belin, 125 pages.
- BOUDREAULT, Catherine. 2001. Facteurs-clés pour le maintien de la diversité des lichens épiphytes. Le Naturaliste Canadien. Le Naturaliste Canadien. 2001, Vol. 125, 3, pp. 175-179.

- BOUTABIA Lamia, Salah TELAILIA, Gérard de BELAIR et Claude ROUX. Inventaire des lichens corticole sur Quercus suber (L) au niveau du Parc National d'El Kala (Nord-Est algérien). 1Ère conférence Internationale de l'ATUTAX « Taxonomie t Biodiversité ». 2010. 36 p.
- BOUTABIA, L and TELAILIA, S. 2010. Influence du couvert végétal (strate arborescente) sur la diversité lichénique corticole du Quercus suber L. et de l'Olea europeae oleaster L. au niveau de la forêt domaniale d'Aïn T'bib (sud-est du lac Tonga) Parc National d'el Kala. s.l. : Centre Universitaire d'et-Taref, 2010.
- BRICAUD, Olivier. 2006. Aperçu de la végétation lichénique du site de Saint Daumas (Var) et de deux stations de la plaine des Maures. France : Association Française de Lichénologie, 2006. p. 49 et annexes.
- CASSAGNE E., DELETRAZ G., TRAN T. 2011. Du protocole expérimental aux procédures d'échantillonnage. Caractérisation des pollutions atmosphériques par le plomb et le mercure (Pyrénées-Atlantiques, France. Lumières sur la Cartographie et les SIG, 25ème Conférence Cartographique Internationale, Paris, Palais des Congrès, 3-8 juil. 2011.
- CHENOUF, Nadia. 2009. Quatrième Rapport National sur la mise en œuvre de la Convention sur la Diversité Biologique au niveau national. Alger : MATET (Ministère de l'Aménagement du Territoire, de l'Environnement et du Tourisme, 2009. p. 121.
- COSTE, Clother. 1989. Initiation à l'étude des lichens. Bulletin de la Coordination Mycologique du Midi Toulousain et Pyrénéen. 1989, 6, pp. 19-24.
- COSTE, Clother. 1994. Flore et végétation lichéniques saxicoles du "Travers de St Martial" (France, Tarn). Bulletin de l'Association Française de Lichénologie. 1994, Vol. 2.
- DAHL, Wiveche. 2003. Contribution à l'étude des métabolites secondaires chez les lichens fructiculeux Cladina stellaris et Cladina rangiferina (février 2003). :. CHICOUTIMI : Université du Québec, 2003. p. 193.
- De BRUIN, M. 1990. Les indicateurs biologiques, l'analyse par activation neutronique, et leurs applications à l'étude de la pollution atmosphérique par les métaux lourds. AIEA BULLETIN. 1990, 1990, pp. 22-27.
- DELPORTE, Alain. 2000. Un projet d'évaluation de la qualité de l'air en Belgique. Symbioses. La Roserie, 2000, 48. [en ligne]

- <http://users.skynet.be/laroserie/lichens/index.htm> (consulté le 01/11/2011).
- DIEDERICH, Paul. 1990. Atlas des lichens épiphytes et de leurs champignons lichénicoles (macrolichens exceptés) du Luxembourg. Luxembourg : Travaux scientifiques du Musée National d'Histoire Naturelle de Luxembourg, 1990. [en ligne] <http://ps.mnhn.lu/ferrantia/publications/T.S.14.pdf> (consulté le 01/11/2011).
- DURAND, Gilles. 2010. Lancement d'une étude régionale sur la pollution de l'air. 20 secondes. juin 8, 2010, 1848, p. 3.
- Encyclopédie Hachette Multimédia. 2009. Carte topographique de l'Algérie. [Logiciel]. CD-Rom. Version 10.
- Equipe du Parc naturel régional des Boucles de la Seine Normandie. 2005. Les arbres têtards : Intérêt, rôles et guide d'entretien. Parc naturel régional des Boucles de la Seine Normandie, Agence de l'eau Seine-Normandie, Direction régionale de l'environnement Haute Normandie. 16 pages. [en ligne] <http://www.pnr-seine-normande.com/upload/medias/guidetetards.pdf> (consulté le 27 août 2011).
- ERTZ, Damien and DUVIVIER, Jean-Pierre. 2006. Les lichens du bassin hydrographique de l'Hermeton (Belgique) : flore et mesures de conservation. Bulletin de la Société des naturalistes luxembourgeois. 2006, 107, pp. 39-62. [En ligne]<http://www.snl.lu/publications/bulletin/SNL_2006_107_039_062.pdf> (consulté le 15 novembre 2011).
- ESNAULT, Joël & ROUX, Claude. 1987. Amygdalaria tellensis (Lichen), nouvelle espèce du tell algérien. Annales Jard. Bot. Madrid. 1987, Vol. 44, 2, pp. 211-225.
- Esnault, Joël. Le Genre Aspicilia Mass. (Lichens) en Algérie: étude des caractères taxonomiques et de leur variabilité. Laboratoire de Botanique L. Daniel, 1985. 264 p.
- FADEL, D, et al. Estimation qualitative de la pollution atmosphérique globale de la région de Skikda (Nord-est algérien) par l'utilisation des lichens épiphytes. Université Annaba, Algérie. [en ligne] <http://www.bioeco.org/docs/443.pdf> (consulté le 15 novembre 2011).
- FORTIN, Bertrand (directeur). 2005. Les lichens, sources de composés pharmaceutiques. Rennes 1 Campus. Université de Rennes 1, 2005, N° 82. P. 3.

- Gavériaux, J. 2012. Lichénologie. AFL Association Française de Lichénologie. [En ligne] <http://www2.ac-lille.fr/myconord/afl.htm>(consulté le 11 mai 2011).
- GAVÉRIAUX, Jean-Pierre. 2010. Lexique des principaux termes de lichénologie. AFL. ISSN 0150-0171.
- GLÖER, Peter, BOUZID, Slimane and BOETERS, HANS D. 2010. Revision of the genera Pseudamnicola PAULUCCI 1978 and Mercuria BOETERS 1971 from Algeria with particular emphasis on museum collections (Gastropoda : Prosobranchia : Hydrobiidae). Arch. Molluskenkunde. Frankfurt am Main, 06 28, 2010, Vol. 139, pp. 1-22.
- GOMBERT, Sandrine & ASTA, Juliette. 1999. Les lichens bioindicateurs de la qualité de l'air dans l'agglomération grenobloise. Stage de Lichénologie. Grenoble : s.n., 1999.
- GOUJON, Marie. 2006. Les arbres têtards : emblèmes des zones humides. 1er colloque européen sur les trognes. Vendôme : s.n., octobre 26, 27 et 28, 2006. pp. 1-5.
- GUEIDAN, Cécile and ROUX, Claude. 2002. Liste provisoire des lichens et des champignons lichénicoles récoltés lors de l'excursion de l'AFL en Haute-Savoie en 2001. Bulletin de l'Association Française de Lichénologie. 2002, Vol. 27, 2, pp. 33-38.
- GUINBERTEAU, J and COURTECUISSE, R. 1997. Diversité des champignons (surtout mycorhiziens) dans les écosystèmes forestiers actuels. Rev. For. Fr. 1997, Vol. XLIX, n° sp., pp. 25-39.
- HALUWYN, Chantal Van, Asta, Juliette and Gavériaux, Jean-Pierre. 2009. Guide des Lichens de France, Lichens des arbres. s.l. : Belin, 2009. p. 224. Collection "L'indispensable guide des ... fous de la nature !". ISBN 978-2-7011-4700-0.
- HOUEROU H. N. Le, CLAUDIN J. & POUGET M. 1977. Etude bioclimatique des steppes algÃ©riennes. Bull. Soc. Hist. nat. Afr. Nord. Alger, t. 68, fasc. 3 et 4, 1977. pp. 33-74.
- INRAA, 2006. Deuxième rapport national sur l'état des ressources phytogénétiques. p. 92. [En ligne] <http://www.joradp.dz> (consulté le 01 novembre 2011).
- JACOB, Nicolas, et al. 2002. Croissance du lichen Rhizocarpon geographicum sur le pourtour nord-occidental de la Méditerranée : observations en vue d'une application à l'étude des lits fluviaux rocheux et caillouteux. Géomorphologie : relief, processus, environnement. 2002, Vol. 8, 4, pp. 283-296.

- JAHNS, Hans Martin. 2007. Guide des fougères, mousses et lichens d'Europe : Plus de 650 espèces photographiées. Paris : Delachaux et Niestlé SA, 2007. pp. 21-30, 47-57, 170-253. ISBN 978-2-603-00684-9.
- Kate Norman, Bailey Edgley, Tim Bradley, Tracy Pope & Jessica Horsley. 2003. Organigramme permettant d'identifier les lichens rencontrés. [En ligne]<http://lichens.science.oregonstate.edu/lab/flowchart.pdf>(consulté le 12 mars 2012).
- KOFLER, Lucie. 1954. Les lichens des étages alpin et nival. [book auth.] Comité scientifique du Club alpin français et le comité exécutif du 8e Congrès International de Botanique. Etude botanique de l'étage alpin particulièrement en France. Isère : s.n., pp. 1-10.
- LEROY, Cécile. 2006. Le degré de naturalité des forêts de la Réserve Naturelle des rochers et tourbières du Pays de Bitche : Détermination d'indicateurs de naturalité, définition d'une méthodologie de suivi du degré de naturalité et établissement de l'état de certains sites. s.l. : Formation des Ingénieurs Forestiers, 2006. pp. 32, 50-51.
- LOUKKAS, Ali. 2006. Atlas des parcs nationaux algériens. Tissemsilt : Parc National de Theniet-el-Had avec l'autorisation de la Direction Générale des Forêts, 2006. p. 91.
- LÜTTGE, Ulrich, Kluge, Menfred & Bauer, Gabriela. 2002. Botanique. [trans.] Véronique Sieffert and André Sieffert. 3. Tournai (Belgique) : Les presses de Campin 2000, 2002. pp. 467-471. ISBN 9782743004125.
- MADR-DAJR. 2011. Recueil de textes relatifs aux établissements publics à caractère administratif (EPA) du secteur agricole. p. 10.
- MANNEVILLE, O. 2009. Les lichens et algues de nos côtes, surtout rocheuses. Grenoble : LECA-SAJF-UJF, 2009. [En ligne]<http://sajf.ujf-grenoble.fr/IMG/pdf/Lichens_et_algues_des_cotes_marines_Manneville_janvier2011_v2.pdf> (consulté le 15 août 2011).
- MATET, RADP. 2009. Quatrième Rapport National sur la mise en œuvre de la Convention sur la Diversité Biologique au niveau national. 2009. p. 18. (A supprimer)
- McCarthy, Dan. 2005. Etude des lichens arboricoles dans la région de Hamilton en 2004. [éd.] Université Brock. Ontario : s.n., 2005. p. 22.
- NIQUET, Gérard. 2001. Compte rendu de Commission environnement. s.l. : SEIVA, 2001. [En ligne]<http://www.seiva.fr/valducenvironnement/CRCOMENVT220611.pdf> (consulté 15 août 2011)

- OZENDA, Paul & CLAUZADE, Georges. 1970. Les Lichens, étude biologique et flore illustrée. Ed. Masson et Cie. Paris-VIe, France. 800 p.
- RADFORD, E.A., CATULLO, G. et MONTMOLLIN, B. de (sous la direction de). 2011. Zones importantes pour les plantes en Méditerranée méridionale et orientale : sites prioritaires pour la conservation. Gland, Suisse et Málaga, Espagne : UICN VIII + 124.
- RAVE, Andrée. 2008. Sortie "lichens" du 5 octobre 2008. La Feuille. Gentiana, Société botanique dauphinoise, 2008, 81, p. 8.
- REBBAS, K., et al. 2011. Inventaire des lichens du Parc National de Gouraya (Béjaïa, Algérie). Phytothérapie. Springer-Verlag-France, 2011, Vol. 2011. D0I10.1007, s10298-011-0628-3.
- RECORD. 2005. Typologie des enjeux environnementaux et usages des différentes méthodes d'évaluation environnementale, notamment dans le domaine des déchets et des installations industrielles. RECORD. Juin 2005, 03-1011/1A.
- RICO, Victor J., ARAGON, Gregorio & ESNAULT, Joël. 2007. Aspicilia uxoris, an epiphytic species from Algeria, Morocco and Spain. The Lichenologist. British Lichen Society, 2007, Vol. 2, 39, pp. 109-119.
- ROBERT, Paul. 2008. Dictionnaire Le Robert 2009. [DVD] s.l. : Le Robert, Juin 2008. Le Nouveau Petit Robert, Vol. Version 3.2.
- ROLAND, Jean-Claude, EL MAAROUF-BOUTEAU, Hayat and BOUTEAU, François. 2008. Atlas Biologie Végétale 1. Organisation des plantes sans fleurs, algues et champignons. 7e édition. Paris : DUNOD, 2008. pp. 48-49. ISBN 978-2-10-051724-4.
- ROLAND, Jean-Claude. 2004. Biologie végétale : Organisation des plantes sans fleurs. 6e édition. Paris : DUNOD, 2004. p. 46. Série : Atlas. 2-10-007435-0.
- ROUX Claude, MASSON Didier, BRICAUD Olivier, COSTE Clother et POUMARAT Serge. 2011. Flore et végétation des lichens et champignons lichénicoles de quatre réserves naturelles des Pyrénées-Orientales (France). Bull. Soc. Linn. Provence, N° spécial 14. ISSN 0373-0875. 151 p.
- ROUX, Claude and GUEIDAN, Cécile. 2002. Flore et végétation des lichens et champignons lichénicoles non lichénisés du massif de la Sainte-Baume (Var, Provence, France). Bull. Soc. Linn. Provence. 11 14, 2002, t. 53, pp. 123-150.
- ROUX, Claude, BRICAUD, Olivier and TRANCHIDA, Fabrice. 1999. Importance des lichens dans la gestion d'une réserve naturelle : l'exemple

- de la réserve de la vallée de la Grand'Pierre et de Vitain (Loir-et-Cher, France). Bull. Soc. Linn. Provence. 11 17, 1999, Vol. t, 50, pp. 203-231.
- ROUX, Claude, BRICAUD, Olivier and TRANCHIDA, Fabrice. 2001. Importance des lichens et champignons lichénicoles dans la richesse spécifique et la gestion de la réserve de Chambord. Bull. Soc. Linn. Provence. 12, 2001, t. 52, pp. 161-183.
- ROUX, Claude, et al. 2006. Catalogue des lichens et des champignons lichénicoles de la région Languedoc-Roussillon (France méridionale). Bull. Soc. Linn. 12 13, 2006, Vol. t, pp. 85.
- ROUX, Claude, et al. 2008. Lichens et champignons lichénicoles du parc national des Cévennes (France) : 5 - Vue d'ensemble et conclusion. Bull. Soc. Linn. Provence. 11 19, 2008, Vol. t, 59, pp. 243-279.
- ROUX, Claude, SIGNORET, Jonathan and MASSON, Didier. Proposition d'une liste d'espèces de macrolichens à protéger en France. [éd.] Association Française de Lichénologie. p. 33.
- ROUX, Claude. 1990. Echantillonnage de la végétation lichénique et approche critique des méthodes de relevé. [éd.] U.A. 1152 C.N.R.S. Cryptogamie, Bryol. Lichénol. 1990, Vol. 11, 2, pp. 95-108.
- SCHUMM Felix. 2008. Flechten Madeiras, der Kanaren und Azoren. Wangen : GERMANY. 294 p. ISBN 978-3-00-023700-3.
- Seltzer Paul. 1946. Le climat de l'Algérie. Travaux de l'Institut de météorologie et de physique du globe de l'Algérie, hors sér, UniversitÃ© d'Alger. Impr. "La Typo-litho" & J. Carbonel, 1946. 219 p.
- SÉRUSIAUX, Emmanuël, DIEDERICH, Paul and LAMBINON, Jacques. 2004. Les macrolichens de Belgique, du Luxembourg et du Nord de la France : Clés de détermination. Luxembourg : Travaux scientifiques de Musée national d'histoire naturelle de Luxembourg, 2004. P. 192. ISSN 1682-5519.
- SIGNORET, J. 2002. Etude de la qualité de l'air en Lorraine-Nord par les lichens : contribution en tant que bioindicateurs écologiques, bioaccumulateurs d'éléments chimiques et biomarqueurs du stress oxydant. Metz : Université de Metz, 2002. p. 150. Thèse de doctorat.
- SIGNORET, Jonathan and DIEDERICH, Paul. 2003. Inventaire des champignons lichénisés et lichénicoles de la Réserve Naturelle des rochers et tourbières du Pays de Bitche. Ann. Sci. Bios. Trans. Vosges du Nord-Pfälzerwald. 2003, 11, pp. 193-222.
- VAN HALUWYN C. ; SEMADI A. ; DERUELLE S. ; LETROUIT M. A. La végétation lichénique corticole de la région d'Annaba (Algérie

- orientale). Revue «Cryptogamie. Bryologie, lichénologie». ISSN 0181-1576 CODEN CBLIDB. 1994, vol. 15, n°1, pp. 1-21 (2 p.).
- VUST, Mathias & BERTRAND, Von Arx. 2006. Lichens terricoles du canton de Genève, Inventaire, liste rouge et mesures de conservation. Domaine nature et paysage du canton de Genève (DT), rapport interne, 98 pp.
- VUST, Mathias and VON ARX, Bertrand. 2006. Les lichens terricoles du canton de Genève: inventaire, liste rouge et mesures de conservation. République et Canton de Genève : Domaine nature et paysage du Canton de Genève (DT), 2006. p. 98.
- WAGNER-SCHABER, A. 1987. Répartition et écologie des macrolichens épiphytiques dans le Grand-Duché de Luxembourg. s.l. : Travaux Scientifiques du Musée d'Histoire Naturelle de Luxembourg, 1987. MHNL VIII.
- Werner, R. G. 1940. Contribution à l'étude de la flore cryptogamique de l'Algérie et de la Tunisie. Bull. Soc. Sc. Nat. Maroc, Tome XX, pp 113 – 121.
- ZEDEK, M. Contribution à l'étude de la productivité du cèdre de l'Atlas (Cedrus atlantica Manetti), Theniet-el-Had, Thèse de Magister. INA, 125p.

Annexe 1

Fiche "Station"

Numéro de la maille :	Numéro de la station :
Versant :	Canton :
Altitude (en m) :	Coordonnées GPS :
Aspect général du site : (boisé, roche isolé, proximité d'une ferme, d'une agglomération, ...)	
Milieu : (forêt, bord de route, par, etc.)	
Formations phanérogamiques environnantes :	
Type du terrain : (0. Aucune exposition ; 1. Plat ; 2. Vallée ; 3. Dépression ; 4. Pente ; 5. Sommet ; 6. Fossé ; 7. Montagne).	
Exposition : (0. Aucune exposition ; 1. Sud ; 2. Ouest ; 3. Nord ; 4. Est)	
Influence par trafic routier, Distance de la route (m) : (1. Route terreuse ; 2. Route asphalté (bitumée) ; 3. Route principale /Autoroute ; 4. Trafic)	
Autres sources d'émission, Distance (Km.) : (1. Chauffage domestique 2. Industrie chimique ; 3. Usine métallurgique ; 4. Cokerie ; 5. Incinérateur).	

Annexe 2

Fiche "arbre"

Numéro de la maille :	Numéro de la station :
Numéro de l'arbre :	Phorophyte :
Circonférence (en cm) :	Age de l'arbre :
Description de l'arbre : (1. Exposé ; 2. Protégé ; 3. Non ombragé ; 4. Ombragé.)	
Etat de l'arbre : (1. présence de cicatrice ; 2. Un dépérissement terminal ; 3. Une pourriture à la base ; ...)	
Etat de l'écorce : (1. vivante ; 2. Morte ; 3. Lisse ; 4. Rugueuse ; ...)	
Fissure de l'écorce : (1. Superficielle ; 2. Modérément profonde ; 3. Profonde.)	
Aspect général de la communauté lichénique : (1. Principaux foliacés ; 2. Principalement fructiculeux ; 3. Principalement crustacés.)	
Age des lichens : (1. thalles jeunes et mûrs en même temps ; 2. Thalles mûrs prédominants ; 3. Thalles dégradés prédominants.)	
Vitalité des lichens : (1. Prédominance de thalles sains ; 2. Prédominance de thalles dégradés.)	

Annexe 3
Fiche de relevé lichénique
Fiche de relevé ; x = présence ; - = présence mais < 5mm.

Numéro de l'arbre : .... **Numéro des photos : ....**

Espèces	Nord	Est	Sud	Ouest
1.				
2.				
3.				
4.				
5.				
6.				
7.				
8.				
9.				
10.				
11.				
12.				
13.				
14.				
15.				
16.				
17.				
18.				
19.				
20.				
21.				
22.				
23.				
24.				
25.				
26.				
27.				
28.				
29.				
30.				

Annexe 4

Fiche "Spécimen"

Echantillon N° [   ]　　　　　　　Photographies N° [   ]

Thalle	Aspect général	
	Couleur	
	Lobes	
	Bords	
Photobionte		
Face inf.		
Thalle primaire		
Podétion		
Apothécies	Abondance	
	Position	
	Forme	
	Taille	
	Couleur	
	Disque	
	Rebord	
	Pédicelles	
Périthèces	Forme	
	Ostioles	
Spores	Nombre	
	Forme	
	Taille	
	Septation	
Pycnides		
Soralies	Morphologie	
	Abondance	
	Localisation	
Isidies	Forme	
	Ramifications	
	Nombre	
	Localisation	
Rhizines	Forme	
	Abondance	
	Localisation	
Cils		
Pruine		
Tests chimiques	K C P	
	Autres tests	

Annexe 5

Fiche "Champignon lichénicole"

Lichen parasité :	
Morphologie macroscopique du champignon lichénicole :	
Couleur :	
Forme :	
Dimension :	
Situation sur le lichen :	
a- Sur le thalle	
b- Sur la fructification	
Les éventuelles déformations et dégradations du lichen par le parasite :	
Détermination du groupe :	
a- Myxomycètes	
b- Ascomycètes Pyrénomycètes	
c- Ascomycètes Discomycètes	
d- Basidiomycètes	
e- Coelomycètes	
f- Hyphomycètes	
Description des différentes structures de la fructification :	
Forme :	
Couleur :	
Dimension de l'hyménium :	
Dimension de l'exipulum :	
Conidies :	
Forme :	
Dimension :	
Couleur :	
Spores :	
Forme :	
Dimension :	
Couleur :	
Ouvrage de détermination :	
Espèce déterminée :	

Liste des figures

Figure 1 : Différentes structures de thalle (ABBAYES, 2011).................................. 12

Figure 2 : Thalle crustacé de *Lecidella elaeochroma* (SCHUMM, 2008).................. 14

Figure 3 : Thalles composites du Genre *Cladonia* (OZENDA et al. 1970)................ 16

Figure 4 : Thalles foliacé d'une Parmélie (SERUSIAUX et al., 2004)........................ 18

Figure 5 : Thalles fructiculeux de *Ramalina farinacea* (OZENDA et al. 1970)......... 19

Figure 6 : Thalle gélatineux à l'état humide (SERUSIAUX et al., 2004).................... 20

Figure 7 : Quelques types, formes et couleurs d'Apothécies (SCHUMM, 2008)........ 23

Figure 8 : Coupe à travers une apothécie (D'après Wirth, 1995 in SERUSIAUX et al., 2004)... 25

Figure 9 : Variation dans la taille, le nombre et la structure des spores (OZENDA et al., 1970)... 27

Figure 10 : Quelques types d'isidies (SERUSIAUX et al., 2004)............................... 29

Figure 11 : Différents types de soralies (SERUSIAUX et al., 2004).......................... 31

Figure 12 : Cas intermédiaire entre les soralies et les isidies (d'après OZENDA et al., 1970).. 31

Figure 13 : Rhizines du *Parmelina quercina* (SCHUMM, 2008).............................. 32

Figure 14 : Bénéfice réciproque algue-champignon (ROLAND, 2004)..................... 41

Figure 15 : Localisation du Parc National des Cèdres (Encyclopédie Hachette Multimédia, 2009)... 42

Figure 16 : Diagramme ombrothermique de la zone d'étude, d'après SELTZER (1946).. 44

Figure 17 : Quotient pluviothermique de la zone d'étude... 45

Figure 18 : Changement de l'humidité relative durant la journée............................... 46

Figure 19 : Végétation et Relief du Parc National de Theniet-el-Had (Google earth, 2010)... 49

Figure 20 : Organigramme permettant d'identifier les genres des lichens................ 60

Figure 21 : Place des lichens dans l'écosystème. 74

Figure 22 : Spectre systématique. 74

Figure 23 : Spectre physionomique. 75

Figure 24 : Richesse spécifique en fonction du phorophyte. 88

Figure 25 : Taux de recouvrement des espèces en fonction du phorophyte. 89

Figure 26 : Analyse factorielle de correspondance (AFC) des données. 91

Liste des tableaux

Tableau 1 : Description de quelques genres (Kate Normann et al., 2003). 61

Tableau 2 : Liste des taxons trouvés dans le parc. 69

Tableau 3 : Richesse spécifique en fonction du phorophyte. 88

Tableau 4 : Abondance-dominance en fonction du phorophyte. 89

Table des matières

INTRODUCTION GENERALE	3
1. Généralités sur les lichens	5
1.1. Introduction	5
1.2. Historique	5
1.3. Définition du Lichen	5
1.4. Systématique des lichens	6
1.5. Symbiose lichénique	7
1.5.1. Définition	7
1.5.2. Partenaires de la symbiose lichénique	7
1.5.2.1. Mycobionte	7
1.5.2.2. Photobionte	8
1.5.3. Besoins de la symbiose pour les partenaires lichéniques	8
1.6. Structure du thalle	9
1.6.1. Structure homéomère	9
1.6.2. Structure hétéromère	9
1.6.2.1. Les différentes strates du thalle	10
1.6.2.1.1. Cortex supérieur	10
1.6.2.1.2. Couche algale	10
1.6.2.1.3. Médulle	11
1.6.2.1.4. Cortex inférieur	11
1.6.2.2. Types de structures hétéromères	11
1.6.2.2.1. Structure hétéromère stratifiée	11
1.6.2.2.2. Structure hétéromère radiée	12
1.6.2.2.3. Structure hétéromère stratifiée-radiée	12
1.7. Morphologie du lichen	13
1.7.1. Le thalle	13
1.7.1.1. Formes	13
1.7.1.1.1. Thalle crustacé	13
1.7.1.1.2. Thalle lépreux	14
1.7.1.1.3. Thalle squamuleux	15
1.7.1.1.4. Thalle placodiomorphe	15
1.7.1.1.5. Thalle composite	15
1.7.1.1.6. Thalle foliacé	17
1.7.1.1.7. Thalle ombiliqué	18
1.7.1.1.8. Thalle fructiculeux	18
1.7.1.1.9. Thalle gélatineux	19
1.7.1.1.10. Thalle filamenteux	20
1.7.1.2. Couleur	21
1.7.1.3. Dimensions	21
1.7.2. Organes portés par le thalle	21
1.7.2.1. Organes reproducteurs	22

1.7.2.1.1. Apothécies	22
1.7.2.1.1.1. Rebord de l'apothécie	23
1.7.2.1.1.1.1. Rebord thallin	23
1.7.2.1.1.1.2. Rebord propre	23
1.7.2.1.1.2. Disque de l'apothécie	24
1.7.2.1.1.3. Hyménium	24
1.7.2.1.1.3.1. Paraphyses	25
1.7.2.1.1.3.2. Thèques	25
1.7.2.1.2. Spores	25
1.7.2.1.2.1. Nombre de spores par thèque	26
1.7.2.1.2.2. Taille de spore	26
1.7.2.1.2.3. Forme de spores	26
1.7.2.1.2.4. Septation de spores	27
1.7.2.1.3. Périthèces	27
1.7.2.1.4. Pycnides	28
1.7.2.1.5. Isidies	28
1.7.2.1.6. Soralies	29
1.7.2.2. Organes non reproducteurs	31
1.7.2.2.1. Rhizines	32
1.7.2.2.2. Cils	32
1.7.2.2.3. Poils	32
1.7.2.2.4. Pruine	32
1.7.2.2.5. Cyphelles	33
1.7.2.2.6. Céphalodies	33
1.8. Types de lichens selon le substrat	34
1.8.1. Lichens terricoles	34
1.8.2. Lichens saxicoles	34
1.8.3. Lichens muscicoles	35
1.8.4. Lichens épiphytes	35
1.8.4.1. Lichens corticoles	35
1.8.4.2. Lichens lignicoles	35
1.8.4.3. Lichens foliicoles	35
1.9. Reproduction et développement	36
1.9.1. Reproduction sexuée	36
1.9.1.1. Chez les Ascomycètes	36
1.9.1.2. Chez les Basidiomycètes	37
1.9.2. Reproduction végétative	38
1.10. Vitesse de croissance et longévité	39
1.11. Mécanisme d'adaptations des lichens	39
1.12. Nutrition et biochimie	40
1.12.1. Substances apportées par le photosymbiote	40
1.12.2. Substances apportées par le mycosymbiote	41
1.12.3. Substances formées par l'association lichénique	41
2. Matériel et méthodes	**42**

- 2.1. Présentation de la zone d'étude 42
  - 2.1.1. Introduction 42
  - 2.1.2. Historique 43
  - 2.1.3. Situation géographique 43
  - 2.1.4. Caractères généraux du site 43
    - 2.1.4.1. Caractéristiques climatiques 43
      - 2.1.4.1.1. Précipitations 44
      - 2.1.4.1.2. Humidité 46
      - 2.1.4.1.3. Ensoleillement 47
      - 2.1.4.1.4. Température 47
      - 2.1.4.1.5. Neige 48
      - 2.1.4.1.6. Vent 48
    - 2.1.4.2. Qualité de l'air 48
    - 2.1.4.3. Topologie 49
    - 2.1.4.4. Caractéristiques biologiques 50
    - 2.1.4.5. Caractéristiques substratiques 51
      - 2.1.4.5.1. Acidité et porosité de l'écorce 51
      - 2.1.4.5.2. Phorophyte 52
      - 2.1.4.5.3. Age des arbres 52
      - 2.1.4.5.4. Exposition sur le tronc 53
      - 2.1.4.5.5. Caractéristiques anthropiques 53
      - 2.1.4.5.6. Incendie 53
      - 2.1.4.5.7. Coupes forestières 53
      - 2.1.4.5.8. Démasclage 54
      - 2.1.4.5.9. Travaux forestiers 54
      - 2.1.4.5.10. Pratiques agropastorales 54
      - 2.1.4.5.11. Fréquentation du public 55
- 2.2. Matériel 55
- 2.3. Méthode 56
  - 2.3.1. Échantillonnage 56
  - 2.3.2. Prélèvement 58
  - 2.3.3. Conservation 58
  - 2.3.4. Détermination 58
    - 2.3.4.1. Etude du thalle 62
    - 2.3.4.2. Réactions chimiques 63
      - 2.3.4.2.1. Préparation des réactifs 63
        - 2.3.4.2.1.1. Chlore (C) 63
        - 2.3.4.2.1.2. Potasse (K) 64
        - 2.3.4.2.1.3. Paraphénylènediamine (P) 64
        - 2.3.4.2.1.4. Lugol ou iode (I) 65
        - 2.3.4.2.1.5. Acide nitrique (N) 65
      - 2.3.4.2.2. Conservation des réactifs 65
      - 2.3.4.2.3. Manipulation 66
      - 2.3.4.2.4. Lumière ultraviolette (UV) 66

2.3.4.3.	Etude des fructifications	66
2.3.4.4.	Spores	67
2.3.4.5.	Pycnides	67

2.3.5. Champignons lichénicoles 67
2.3.6. Saisie de résultats 68

3. Résultats et discussion 69
3.1. Résultats 69
3.1.1. Liste des taxons de lichens 69
3.1.2. Commentaires sur la rareté et l'écologie d'espèces intéressantes 70
3.1.3. Spectre systématique 74
3.1.4. Spectre physionomique 75
3.1.5. Fiches des espèces du Parc National de Theniet-el-Had (monographies) 76
3.2. Discussion 87
3.2.1. Composition et richesse floristique 87
3.2.1.1. Composition floristique 87
3.2.1.1.1. Espèces nouvelles pour le Parc National des Cèdres 87
3.2.1.1.2. Taxons signalés antérieurement, non retrouvés 87
3.2.1.2. Richesse floristique 87
3.2.1.2.1. Relations espèces lichéniques – phorophytes 87
3.2.1.2.1.1. Richesse de la flore lichénique des phorophytes 87
3.2.1.2.1.2. Préférences ou spécificité des lichens relevés pour un ou des phorophytes 90
3.2.2. Représentativité de la prospection 91
3.2.3. Qualité de l'air au sein du Parc National des Cèdres 92

CONCLUSION GENERALE 93

BIBLIOGRAPHIE 94

LISTE DES FIGURES 106

LISTE DES TABLEAUX 107

TABLE DES MATIERES 108

Oui, je veux morebooks!

I want morebooks!

Buy your books fast and straightforward online - at one of the world's fastest growing online book stores! Environmentally sound due to Print-on-Demand technologies.

Buy your books online at
www.get-morebooks.com

Achetez vos livres en ligne, vite et bien, sur l'une des librairies en ligne les plus performantes au monde!
En protégeant nos ressources et notre environnement grâce à l'impression à la demande.

La librairie en ligne pour acheter plus vite
www.morebooks.fr

OmniScriptum Marketing DEU GmbH
Heinrich-Böcking-Str. 6-8
D - 66121 Saarbrücken

Telefax: +49 681 93 81 567-9

info@omniscriptum.de
www.omniscriptum.de

Printed by Books on Demand GmbH, Norderstedt / Germany